U0495912

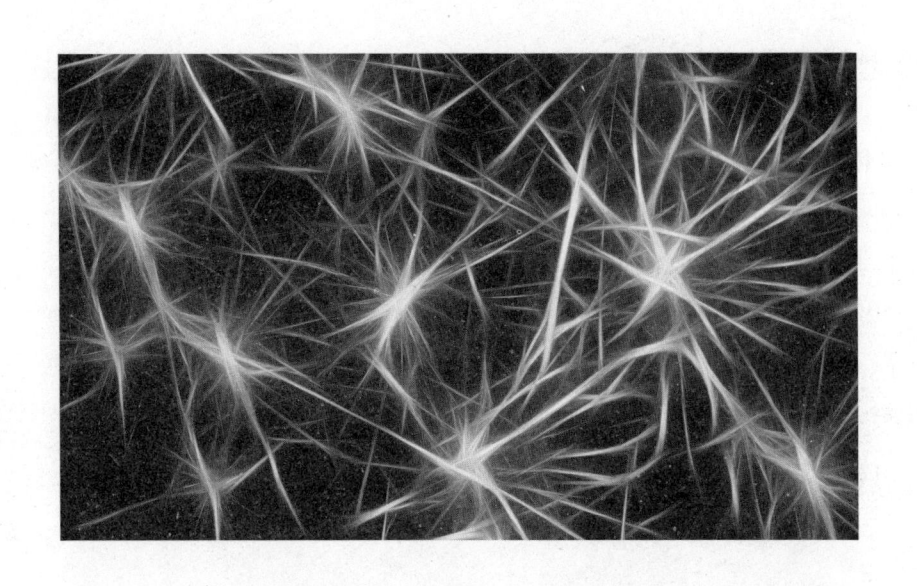

科学心理学

[美] 马斯洛◎著　　纪尚晓◎译

民主与建设出版社
·北京·

© 民主与建设出版社，2021

图书在版编目(CIP)数据

科学心理学 / (美) 马斯洛著；纪尚晓译. -- 北京：民主与建设出版社，2023.2

ISBN 978-7-5139-3636-1

Ⅰ.①科… Ⅱ.①马… ②纪… Ⅲ.①心理学 – 通俗读物 Ⅳ.① B84-49

中国版本图书馆 CIP 数据核字 (2021) 第 137604 号

科学心理学
KEXUE XINLI XUE

著　　者	[美] 马斯洛
译　　者	纪尚晓
责任编辑	李保华　　王　倩
封面设计	李爱雪
出版发行	民主与建设出版社有限责任公司
电　　话	(010)59417747　59419778
社　　址	北京市海淀区西三环中路 10 号望海楼 E 座 7 层
邮　　编	100142
印　　刷	固安县保利达印务有限公司
版　　次	2023 年 2 月第 1 版
印　　次	2023 年 2 月第 1 次印刷
开　　本	710 毫米 ×960 毫米　1/16
印　　张	12
字　　数	135 千字
书　　号	ISBN 978-7-5139-3636-1
定　　价	48.00 元

注：如有印、装质量问题，请与出版社联系。

前言
preface

本书将科学视为科学家人性的产物，这不仅是谨慎的、传统的科学成果，也是大胆的、具有突破性的革命性成果。在某种程度上，这与心理健康科学家所阐述的科学理念相重叠。本书可以看作我的《动机与人格》的续篇，尤其是本书的前三章，着重论述了科学与科学家的心理学。

从这项研究中得出的一个基本论点是，当我们试图认识、理解整体的和个体的人与文化时，从事物、物体、动物和局部过程的客观科学中沿袭而来的一般科学模式是有局限性的，主要是物理学家和天文学家创造了这种被称为科学的世界观和亚文化（包括其一切目标、方法、公理价值观、概念、语言、风俗、偏见、选择性盲点、隐匿假设等）。到目前为止，这一点已经被许多人提及，相当于一个普遍真理了。但直到最近才证明，这种非人格的模式是如何以及在何处不适用于人格独特且全面的研究的，并且没有一种替代模式能有效地与全人类打交道。

这是我在本书中试图阐明的道理。我希望证明传统科学的局限性在本质上是没有必要的。从广义上讲，我们可以认为科学是足够强大且极具包容性的，这足以弥补许多认知问题，这些问题曾因隐藏致命的弱点而不得不被放弃——它不能客观地处理人、价值、个性、意识、美、超越和伦理问题。至少在原则上，科学应该能够产生规范的心理学，包括心理治疗、个人发展、"优心态"或空想社会心理学，以及宗教、工作、娱乐、休闲、美学、经济学和政治学。

我认为，科学本质的这种变化是精神分析运动中革命潜力的一种延迟实现。具有讽刺意味的是，弗洛伊德在19世纪出版的《科学》一书中提出的理论，同时也伴随着它的决定论、因果论、原子论和还原论而被推迟了。尽管如此，弗洛伊德一生都在不知不觉中从这一类型的科学中分割出来一个脱离于此的范围，事实上，是他摧毁了它，以及所有纯粹的理性主义。但据我所知，弗洛伊德仍然忠于他的世界观。不幸的是，现代心理动力学发展的其他重要贡献者——阿德勒、荣格、赖希、兰克、霍妮、弗洛姆——都不是科学家，因此他们都没有直接解决这一问题。我现在能想到的唯一一位认真对待这份工作的精神分析学家是劳伦斯·库比。我非常希望其他精神分析学家和精神动力学家继续根据他们提出的论据批评科学。我记得在一次会议上，我勃然大怒，喊道："为什么你们总是问精神分析是否科学？为什么不问科学是否可以解释精神动力的问题呢？"我在这里也提出同样的问题。

这种再人性化（和跨人性化）科学的过程也有助于加强非人格科学。类似的事情正发生在生物学的不同领域，特别是在实验胚胎学中。出于事实本身的内在动力，这门学科不得不具有整体性。例如，通过路德维希·冯·贝塔朗菲的著作，我们可知，心身医学的交叉"领域"也对传统科学产生了深刻的批判，内分泌学也是如此。我相信，最终全部生物学都会摆脱纯粹的物理-化学还原论，或者至少它不得不以包容性的方式超越还原论，也就是说，两者同处于一个层次整合中。

我对传统科学的怀疑，只有在我开始探索关于人性更高层次的新问题时，才变得严重。直到这时会发觉，我曾接受过训练的传统科学模型让我很失望。当时，我不得不想出一些特别的新方法、新概念和新单词，以便更好地处理我的实验数据。在这之前，对我来说，科学是一个整体，是一门学科。但现在于我而言，好像有两门学科，一门针对我的新问题，另一门针对其他相关问题。最近，这两门学科似乎又可以概括为一门学科。然而，这门新科学看起来不同以往，它承载着比旧科学更具包容性和更强大的科学体系。

我不仅被更多的"末端的"科学家所困扰，为他们在科学中否定人的价值观，以及随之而来的全部科学的非道德技术化所带来的严重后果而深感危险。而且，传统科学的一些批评者也同样危险，他们认为传统科学太过冷酷、非人性，因而认为它是对人类价值观的威胁而完全拒绝它。他们变得"反科学"，甚至反知识分子。这是对一些采用精神疗法的医生、临床心理学家、艺术家、一些虔诚的宗教人士、一些对禅宗、道教、存在主义哲学、"经验主义哲学"等感兴趣的人的真正危险。他们对科学的抉择往往是纯粹的怪诞崇拜，且无批判性思维的和仅凭个人经验的自私高举，对冲动的过度依赖（他们混淆了冲动与自发性），任意的奇想和情感，不科学的热情，最后只能看到自己的"肚脐"和信奉的唯我论，这才是真正的危险。在政治领域，反科学可以轻而易举地消灭人类，就像不涉及价值的、非道德的、技术化的科学一样。

我们应该记住，纳粹和法西斯主义者对流血和本能的嘶吼，以及他们对自由探索的智力和冷静理性的敌意。

我当然希望这可以被理解，为力求拓展科学，而不是摧毁科学。没有必要在经验和想象之间做出选择，而是使两者融合。在这本书中采用的文风遵循讲座演说的形式，讲座可以使演讲者的表达更加个性化，通过自己经历过的事例来表达自己的观点、怀疑和猜测。出于同样的原因，我没有系统地论证过我的论文，也没有详细引论相关的科学文献。本书既不试图涵盖主题，也不试图以一种全面或系统的方式进行学术研究。

本书之所以是我写的简写本，是因为篇幅的限制和讲座形式所带来的局限性。但也有另一个原因，在我已经拟好了一个系统的提纲并为之开始写作时，我得知了迈克尔·波兰尼的伟大著作《个人知识》的问世。这部深奥的著作对我们这一代人来说是必读之作，它完成了我计划要做的大部分工作，解决了许多我所关心的问题。于是我改变了我的计划，把讨论重点放在某些明确的心理学问题上，从而忽略了或简要阐述了曾经计划讨论的几个主题。

鸣谢 Acknowledge

我想请读者参考我以前的书中的序言,其中我明示了许多知识产权合约。除了这些致谢之外,我还想补充以下内容。

我和我的好友兼合作者——心理分析学家哈里·兰德博士做了一个非同寻常的实验。多年来,我和他一直致力于讨论智力和科学生活、学习和教学以及病理学的心理动力学问题。我们会时不时地谈到这本书中涉及的许多话题,而我对所讨论的话题的兴趣远远超过了我的想象。具体来说,大约一年前,我在准备这份手稿时,陷入了长期的失眠状态并产生了写作障碍,这是我从未经历过的。这种障碍虽然长期以来被认为是精神分析工作的障碍,但我们决定尝试研究一下。最后,在大约30个小时的"智力精神分析"的实验之后,我高兴地公布了一个成功的结果。我们建议其他人也尝试这个极其有趣的实验,以便于积累经验,也许有一天可以进行更"正常"和更广泛的研究。对于此次实验研究中兰德博士提供的帮助,我非常感谢。

在我所谓的科学心理学领域,我经常将此与科学哲学的概念相混淆,我必须将这本书的参考书目作为一份对知识产权债务的致谢清单,即使这样做还远远不够。然而，在这份清单里面，除了波兰尼，还有我对更多的人的特别鸣谢。

多年前，我偶然发现了大卫·林赛·沃森的著作，并深受其反传统思想的影响。像许多先驱者一样，他没有得到足够的赏识、尊重，甚至没有被注意到。我想，对我的书感兴趣的人肯定也会对华生的书感兴趣，在此我强烈建议人们去阅读他的作品。

我从安妮·罗伊的开创性研究以及她最近的后续研究中学到了很多东西。很遗憾，我没能给她写一章有关于她的研究成果和包括后来的这类研究在内的文章。

雅各布·布鲁诺夫斯基的著作影响深远。弗兰克·曼纽尔对艾萨克·牛顿的研究和我们对他们的讨论教会了我很多东西。这些讨论的影响在本书最后一章的某些部分中体现得最为明显，特别是关于好笑的怀疑论的那部分。诺思罗普的《东西方会议》一书对我的思想发展产生了重要的影响，库恩的专著《科学的结构》对我来说也是如此。我也从与奥尔德斯·赫胥黎的讨论以及他的著作中受益匪浅。

之前我有太多引自马纳斯的参考文献和引文，但最终我删除了它们，以此来表示我对这本极为杰出的人文期刊的感激之情。

最后，我要感谢艾丽丝·达菲夫人，她非常专业地整理和编排了这份手稿。

1966年2月

马萨诸塞州，布兰戴斯大学

亚伯拉罕·哈罗德·马斯洛

目录 Contents

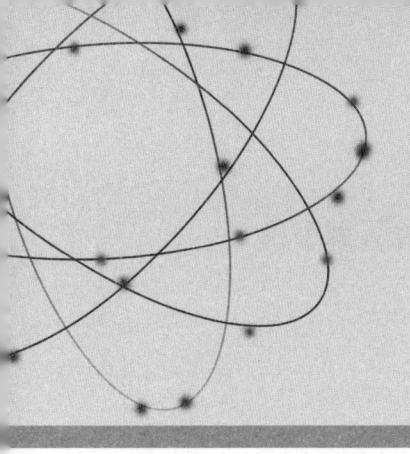

第一章　机能主义科学与人本主义科学

第二章　科学家的工作——认识人

　　共性认知与个性认知　／　010

　　整体论的研究　／　013

　　主题报告　／　014

　　接受，不要过度干预科学　／　015

　　以问题为中心，以方法为中心　／　016

　　畏惧认知：畏惧个人和社会真相　／　019

　　希望被理解，害怕被理解　／　021

　　动机、目的、结果　／　022

　　有意识、无意识和前意识　／　023

第三章　受恐惧与勇气影响的认知需求

　　认知病理学：认知中的焦虑缓解机制　／　030

　　其他认知病态　／　033

　　谨慎认识与勇敢认识的统一　／　037

第四章 安全科学与成长科学：以科学作为防御手段

成熟和不成熟的科学家 / 045

第五章 预测人还是控制人

以可预测性为目标 / 052

第六章 经验知识与旁观者知识

卓越的知者 / 059

旁观者对事物的了解 / 061

体验的某些性质和特征 / 064

主观上主动或被动的人 / 066

从辛那侬学到的教训 / 070

知识的盲目性 / 075

经验的"证明" / 078

第七章 抽象与理论

第八章 综合科学与单一科学

经验理论与抽象理论 / 093

系统属性 / 096

经验和润色 / 098

第九章 本真主义与抽象主义

两种理解和解释 / 106

生命的原本意义 / 110

　　　　　法律解释与法律理解　　/　111

第十章　道家科学与控制科学

　　　　　结构接受度　　/　117
　　　　　沉思　　/　119

第十一章　作为科学典范的人际（我—你）知识

　　　　　"爱"的研究对象　　/　128
　　　　　人际关系中的真理建构　　/　130
　　　　　情感与真理　　/　132
　　　　　融合知识　　/　133
　　　　　两种客观性　　/　135

第十二章　无价值的科学

　　　　　科学价值观　　/　142
　　　　　科学作为一种价值体系　　/　147

第十三章　知识的阶段、水平与程度

　　　　　知识的可靠性程度　　/　156
　　　　　作为探险家的科学家　　/　159
　　　　　经验主义的态度　　/　161

第十四章　科学的去神圣化和再神圣化

　　　　　幽默的科学家　　/　173
　　　　　天真的奇迹，科学和复杂的奇迹　　/　176

第一章

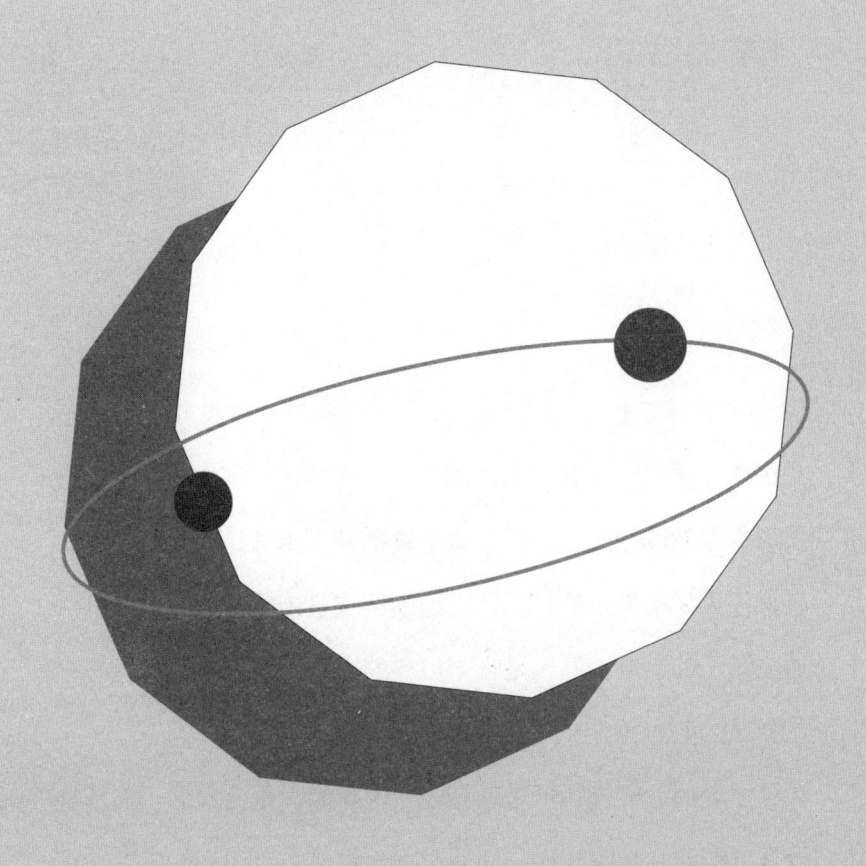

Chapter one

机能主义科学与
人本主义科学

这本书没有遵循传统科学的观点，而是对传统科学做批判（像哥德尔那样），对传统科学赖以存在的基础做批判，对其未经证实的信条做批判，对被视为理所当然的定义、公理和概念做批判。本书是对科学作为一种知识哲学在其他哲学中地位的检验，它拒绝传统且未经证实的信条——传统科学是通往知识的道路，甚至是唯一可靠的道路。我认为这种传统观点在哲学、史学、心理学和社会学上都是十分幼稚的。

作为一种哲学学说，传统科学是以种族为中心的，是西方的，而不是普遍的。它没有意识到它是时间和空间的产物，也没有意识到它不是一个永恒的、不可改变的、不容置疑的真理。它不仅与时间、空间和当地文化相关，而且在某些特征上也是关联的。我认为，相较于一种更成熟、更普遍、更全面的生活观，它反映出来的是一种狭隘的、谨小慎微的、强迫偏执的世界观。这些弱点在心理学领域尤其凸显，因为心理学的目标是了解人及其行为和工作。

尽管许多伟大的科学家都避免了此类错误，还写出了许多论著来支持他们对科学更广泛的观点——科学几乎囊括了一切知识，不仅仅是令人尊崇的知识，但他们并没有取得成功。

正如库恩所述，"普通科学"的行为方式并不是由科学巨匠——范式制定者、发现者、革命者所确立的，而是由大多数"普通科学家"所确立的，他们就像那些微小的海洋生物一样共同建造了一片珊瑚礁。因此，科学已经逐渐被以为是耐心、谨慎、细致的艺术，而不是靠勇气、莽撞和冒险的孤注一掷。或者换一种说法，传统的科学观是机械化和非人性化的，在我看来，这似乎是对机械化和非人性化更广泛、更包容的世界观的部分声明或表达。（在弗劳德·马森的《残破的形象》的前三章中，我们可以看到对这一发展过程的精彩阐述。）

但在19世纪，随着对机械论和非人性化的人生观和世界观的强烈反抗，一种反哲学的理论得到了迅速的发展，这或许可以被称作对人类及其能力、需求和愿望的重新发现。这些以人为本的价值观正在政治、工业、宗教、心理学以及社会科学领域得到恢复。我可以这样说：尽管使行星、岩石和动物拟人化是必要的，也是有益的，但我们越来越强烈地认识到，没有必要使人类丧失人性，也没有必要否定人类的成果。

然而，正如马森所指出的，即使是在非人类和非人格的科学中，也会发生某种程度的再人性化。这种变化是更广泛、更包容、更"人本主义"的世界观的一部分。目前，这两大哲学趋势——机械论和人文主义是同时存在的，就像广泛普及的两党制一样①。

我认为，我重新赋予科学和知识人性化的努力（尤其在心理学领

---

① 我并不是说"再人性化"作为一种世界观，必然是终局之谈，甚至再人性化还没有完全确立之前，已经有超越它的世界观的形态开始显现。下面我将谈到无私的人——超越价值观和现实，即更高层次的人性、自我实现、真实性和同一性，在这个层次上，人成为世界的一部分而不是世界的中心。

域），正是这个宏大的社会发展和理性发展的一部分。正如贝塔朗菲在1949年所指出的那样，这必定是符合时代精神的。

科学的演变不是在智力的真空中的运动，而是历史进程的一种表现和驱动力。我们已经看到了机械论的观点是如何投射到文化活动的各个领域的，它的基本概念——严格的因果关系、自然事件的相加性和偶然性、现实的最终要素的超然性等——不仅支撑着物理理论，而且也统治着生物学的分析观、相加观、机器理论观和传统心理学的原子论与社会学的"个体与全体的反对论"。接受将生物看作机器、用技术来统治现代世界的观点，以及人类的机械化，不过是物理学机械论概念的延伸和实际应用罢了。近期科学的发展表明了智力结构的全面改变，这足以和人类思想历史中的伟大革命并驾齐驱。

或者，我可以引用自己曾在1943年表述的内容，以另一种方式说明：（在心理学中）对基本数据的探索本身就是对整个世界观的反映，这是一种科学哲学，它假定一个原子论的世界——一个由简单元素构成复杂事物的世界。科学家的首要任务就是把所谓的复杂简化为所谓的简单。这可以通过分析法来完成，通过越来越精细的分离，直到我们得到不能再简化的结果。至少在一段时间内，这项任务在其他科学领域曾取得了显著的成就，但在心理学领域则不然。

这一结论揭示了整个还原作用的理论本质。我们需要了解的是，这一结论并不涉及普通科学的本质。我们现在有充分的理由怀疑，这只是原子论的、机械论的世界观在科学上的反映或暗示。因此，抨击这种还原作用并不是抨击普通科学，而是抨击对科学的一种可能的态度。

在同一篇论文中，我续写道：这种人为的抽象习惯或者以还原性元素进行的操作，已经有了显著的成效，并且已经成为一种根深蒂固的习惯，使抽象者和还原者很容易对任何否认这些习惯的经验或现象有效性的人感到惊讶。他们通过平稳顺利的阶段，说服自己相信这就是世界的实际构建方式，但他们发现这很容易被忘记，尽管抽象是有用的，但它仍然是人造的、传统的、假设的——换句话说，它是一个强加于不稳定的、互联的世界的人造系统。这些关于世界的特殊假设有权违背常识，但仅仅是为了展示便利性。当它们不再提供这种便利时，或者当它们成为障碍时，我们必须将它们丢弃。

在这个世界上，只看到我们强加的东西，而看不到真实的世界，是很危险的。直截了当地说，原子论的数学或逻辑在某种意义上是一种关于世界的理论，任何根据这个理论对世界的描述，心理学家都可能拒绝接受，因为这并不符合他的目的。显然，方法论思想家有必要着手创建更适合现代科学世界本质的逻辑和数学系统。

在我的印象中，传统科学的弱点在心理学和民族学领域表现得最为明显。事实上，当一个人希望了解有关人或社会的知识时，机械论的科学就彻底崩溃了。总之，这本书主要是在心理学领域内做出的一项尝试，力求扩充科学的概念，使其更有能力研究人，特别是充分发展和人格完整的人。

我认为这不是一种引起分裂的尝试，不是以一种"正确"的观点来反对另一种"错误"的观点，也不是摒弃任何东西。本书中提出的普通科学概念和普通心理学概念是包容机械论科学的一个样本。我相信机械论科学

（在心理学中表现为行为主义）并不是错误的，而是狭隘的且具有局限性的，不能作为一种普遍的或全面的哲学①。

---

① 牛顿的《大国发展定律》一书，为政治史发挥了一种类似于他发现的运动定律的功能（它是普遍的，而且很简单），尽管他认为像丹尼尔这样的预言家是通过描绘同样的运动定律来预测他。牛顿从来没有在他的叙述中写过关于人的历史，他们似乎不算是个人——而是关于政治机构，就像他写过的关于肉体的历史一样。这些聚集并不是突然形成的，就像行星一样，它们也有一个"原始的"一个创造的历史，一个可以按时间顺序标记的空间延伸，它们也会有一个终结。牛顿的编年史著作可以被称为帝国巩固的数学原理，因为它们主要是以时间顺序处理大量的地理空间；他在历史中提到的个人，通常是皇室人士，仅仅是标志着领土的逐渐扩张，他们没有特别的人性。他的历史主题是有组织的政治土地群众之间的行动，重要的事件是以前孤立的较小单位的融合，或是在数量上以优越的力量摧毁有凝聚力的王国。此外，牛顿的帝国巩固原则在中国和埃及，甚至在整个世界都同样适用。

"当人们有时对他的历史有所怀疑时，牛顿几乎会不自觉地把简单的动机归咎于他们的行为。他的国王在获取权力和扩大统治方面是如机器人般的代理人。在极少数情况下，当他更仔细地审视它们时，它们总是按照17世纪的均势原则运作，如果一个帝国处于分裂状态，那它的敌人就会结成联盟，迅速利用它的弱点，皇室的收购欲望是基于'虚荣'和其他当代文学、心理学的主要内容。无论是古代的还是现代的王朝，看起来都是一样的，他们只是有不同的头衔，他们演出的剧院有不同的地名。他们的性格，无论是心理上的还是历史上的，都没有阿波罗多罗斯图书馆里描述的人多。牛顿没有发现上帝荣耀的证据，就像约翰·雷在有机世界的复杂性和美丽中所发现的那样；他寻求的印象完全是物理天文学宇宙的法则。这不是历史上人类的激情，而是物理天文宇宙的原理。激发他想象力的不是眼睛中各部分的奇妙结合，而是光学原理。使他感动的不是历史上的人们的激情，而是君主制度下物质发展的原则和王国的年表。人类的一切对他来说都是陌生的，至少就他对人类的表达而言是如此。他的历史几乎没有记载过一种感觉、一种情感。国家在很大程度上是傀儡，像天体一样中立；它们入侵，然后又被征服；它们变得更大，王国联合起来——在罗马崛起统治世界之前，一切都不复存在。"

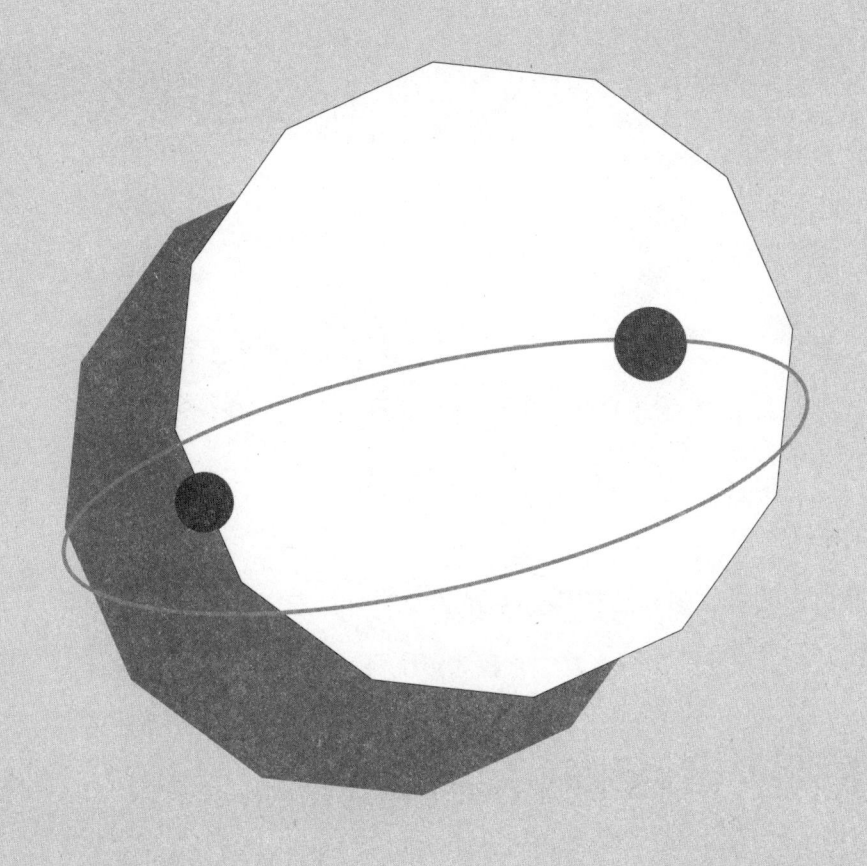

第二章
Chapter two

科学家的工作——
认识人

世界观的变化要求人们对科学的态度有何改变？这些变化从何而来？是什么引起了我们的注意？为什么机械论的、非人类的模式要让位于以人为中心的范式？

在我过去的人生中，这种科学世界观的冲突首先表现为与两种无关的心理学并存。在我的实验生涯中，我对传统科学感到非常舒适，并且有能力胜任。事实上，正是约翰·布罗德斯·华生的乐观信条（1925年的心理学中）把我和许多人带入了心理学领域。他的纲领性著作预示了一条清晰的道路，使这一领域的进步得到了保证，我感到非常兴奋，这可能会变成一门真正的心理学，一门坚实可靠的学科，我们可以依靠它从一种确定性到另一种确定性的稳步和不可逆转地发展。它提出了一种可以解决所有问题的技巧（条件作用）和一种极具说服力的哲学（实证主义、客观主义），这种哲学易于理解和应用，引领我们不再重蹈覆辙。

但是，我是一名心理治疗师、分析学家、父亲、教师和学生，就我所研究的整个人而言，"科学心理学"逐渐没有多大的用处了。在人的研究领域里，我在"心理动力学"中找到了更大的寄托，尤其是弗洛伊德和阿德勒的心理学，但按照当时的定义，这些心理学显然是不够"科学的"。

这就好像当时的心理学家生活在两套相互排斥的规则之中，或者他们为了不同的目的说两种不同的语言。如果他们对动物或人类的部分研究感兴趣，那么他们可能是"实验和科学心理学家"。但如果他们对整个人感兴趣，那这些法则和方法就没有多大的帮助。

　　我认为，如果我们将这些哲学变化在处理新的人类和个人问题上的相对有效性进行对比，我们就能更好地理解这些哲学变化。让我们提出一些问题：假设我想更多地了解人的本质——例如，了解你或者某个特定的人最有希望获得成效的方法是什么？传统科学的假设、方法和概念有多大的用处？哪种研究方法最好？哪种技术、哪种认识论、哪种沟通方式、哪种测试和测量方法最好？关于知识的本质有哪种先验的假设？"认识"这个词是什么意思呢？

共性认知与个性认知

首先，我们应该意识到，这是关于个人本身的问题，被许多科学家认为是微不足道的或"不科学的"而排除在外。事实上，所有（研究非人格的）科学家都在默许或明确的假设下进行研究，即研究的是一类或一组事物，而不是单个事物。当然，你一次只能观察一个东西、一只草履虫、一块石英石、一叶肾脏、一位精神分裂症患者，但每一个事物都被视为一个物种或一个类别的样本，因此是可以互换的。（见关于伽利略和亚里士多德科学的讨论）任何一本科学杂志都不会接受一篇关于详细描述某一特定类别的白鼠或鱼类的文章。传统科学的主要工作是概括，即对所有白鼠或鱼的共同点进行抽象总结等。（畸胎学是对异常和"奇迹"的研究，即对怪物的研究，除了通过对比来说明更多关于"正常"胚胎学的过程以外，是没有太大的科学价值的。）

任何一个样本都只是样本，不是它本身，它代表某种东西，它是具有相通性的、可消耗的，不是唯一的、神圣的、必不可少的。它没有自己的专有名称，没有作为一个特定的实例的价值。只有当它代表的不是自己本身的时候，它才是令人感兴趣的。这就是我所说的正统的、教科书上的科学，通常集中研究事物的类别或可互换的对象。在物理和化学的教科书中都是没有个体这一说法的，更不用说数学了。天文学家、地质学家和生物学家把这作为一个中心点，作为一个典型和范例，他们有时处理一些独特的实例，例如某一颗行星、某一次地震、某一个甜豌豆或果蝇，但是把研究结论作为一种普遍的、可被认可的方法可以使其变得更加科学。对大多数科学家来说，这是科学知识发展的唯一方向。

然而，当我们进一步远离客观的、一般化的、寻求相似性的科学的中心模式时，我们发现，有些人对那些不可互换的、独特的、具体的个体实例有很大的兴趣和好奇心。这是独一无二的——例如，一些心理学家、人类学家、生物学家、历史学家，当然还有所有与他们有着亲密关系的个人。（我敢肯定，物理学家和化学家为理解他们的妻子所花费的时间，和他们研究原子花费的时间不相上下。）

我最初的问题是：如果我想了解一个人，最好的方法是什么？现在我可以更有针对性地重新表述这个问题了。对于这一目的，普通物理科学的常规程序有何作用（记住，这是一切科学，甚至是任何类型的知识广泛接受的范例）？总的来说，我的回答是，它们几乎没有什么作用。事实上，当我不仅想知道关于你的事情，而且还想要理解你的时候，它们基本上帮不到什么忙。如果我想了解一个人，尤其在那些对我来说极其重要的人格方面，我明白我必须以不同的方式，使用不同的技术来完成这项任务，并对其超然性、客观性、主观性、知识可靠性、价值和准确性的本质运用截然不同的哲学假设。我将在下面详细说明其中一些内容。

首先，我必须把一个人看作一个独一无二的个体，看作某一类别中的特殊成员。当然，我多年积累的常规的、抽象的、心理学的知识，有助于我粗略地将他归入全人类物种的分类中，并加以考察和研究。值得期待的是，我可以做出比我25年前做得更好的一个粗略评估，涉及性格、体制、精神病学、人格和智力。然而，所有这些理论知识（规律知识、泛化知识、平均值知识）只有在能够引导和改善我（关于一个特定的个体）的具体知识的情况下，才是有效的。任何一位临床医生都知道，在了解一个人的时候，最好让你的大脑远离干扰，全神贯注地观察和倾听，表现出完全地专注、接受、被动、耐心和等待的态度，不要表现得急躁、匆促和不耐烦。如果你的大脑太繁忙，你将听不明白或看不清楚。弗洛伊德提出的术语"自由漂浮注意"很好地描述了这种非干预性的、全局性的、接受性的、等待性的认知方式。

对于寻求关于人的知识、抽象知识、科学规律的人来说，如果统计报表和预期能够人性化、人格化，并专注于这种特定的人际关系中，那么它们都是有用的。传统的科学知识可以为懂得认识人的人带来帮助，但全世界的抽象的知识都不能帮助那些不懂得认识人的人。

整体论的研究

我不想在这里贸然地进行任何大范围的概括,尽管我也学会了这一点(作为一个治疗师和人格学家)。如果我想从个人角度了解更多关于你的事情,那么我必须以一个整体来研究。传统的科学解剖和还原分析技术在无机世界中运行良好,甚至在生物体的拟人化动物世界中表现得也不算很糟糕。但当我去真正了解一个人的时候,实在是令人头疼,即使在研究人类文明的进程中,它也有很多不足之处。心理学家们尝试了各种原子论的分析方法,并将其简化为基本的知识结构——基本的感觉器官、刺激反应或联想纽带、反射或条件反射、行为反应、因子分析的产物、各种测试的分值概况等,这些尝试中的每一项都为心理学抽象的、规律的科学留下了一些有用的东西,但是没有人会认真地把它们当作了解异域文化或约翰·伯奇协会成员的有效途径,更别指望在初次见面时会有所了解了。

我不仅要从整体上观察你,而且还要从整体上分析你。如果有足够的篇幅,我还想详细地阐释格式塔心理学对实验心理学的影响。

主题报告

迄今为止，我们了解人们的最佳方式是让他们通过各种方式告诉我们自己是什么样的人，无论是直接通过问答，还是通过自由联想，我们只要认真地倾听就可以了，或者通过隐秘的通信、绘画、梦境、故事、手势等需要我们解释的方式。当然，每个人都知道这一点，在日常生活中，我们都会利用这种方式。但事实是，它引发了真正的科学问题。例如，一个人告诉了我们他的政治态度，可以说，他是所做陈述内容的唯一证人。如果他愿意，那么他可以轻而易举地愚弄我们。这里需要的是信任、善意和诚实，而不是任何现有的科学研究对象所要求的。说话者和听众之间的人际关系就变得非常重要了。

天文学家、物理学家、化学家、地质学家等人不需要关心这些问题，至少一开始不需要关心，他们有可能走得很远后，才需要提出认识者和认识对象之间的关系问题。

接受，不要过度干预科学

大多数青年心理学家都被教导使用对照实验作为获取知识的方式。心理学家必须经过缓慢而又痛苦的过程才能学会如何成为一名优秀的临床或自然观察员，同时也要学会耐心地等待、观察和聆听，学会克制自己，避免过于活跃和莽撞，不要过度干预和控制，在试图了解他人的时候，最重要的是知而不言，适时缄口。

这与我们研究物理对象的方式不同，不是操纵它们、摆弄它们，也不是把它们分开进行观察。如果你这样对待人类，那么你就无法了解他们。他们不愿意被你了解，更不会被你知晓。我们的干预使了解他们变得不太可能，至少在开始的时候是这样的。只有当我们已经了解到很多知识的时候，我们才能变得更主动、更积极、更深刻，以及更具实验精神。

以问题为中心，以方法为中心

对我来说，只有当我开始询问有关人类所谓的"高级生活"和人类进化问题时，才会与以方法论为中心的科学家发生冲突。当我在做关于狗和猴子的行为研究，并尝试做学习、调节和激发行为的实验时，现有的方法论工具就能很好地帮助我，这些实验设计合理、控制合理，并且数据准确可靠。

只有当我开始向研究者提出新的问题时，提出我难以处理的、含糊不清且难以把控的问题时，我才真正地陷入麻烦。我发现，许多科学家在这样的情况下都对他们无法应付的、处理不好的事情不屑一顾。我记得有一次在我愤怒的时候，我说出了一句警语来进行反击："不值得做的事，是做不好的"。现在我想我可以补充一句："需要做的事，即使做得不是很好，也值得去做。"事实上，我很想说，在研究一个新问题时，第一次尝试可能是不尽如人意的、不精确的和粗糙的。这样的第一次是谁都无法避免的，但是人们应该从第一次尝试中学到下一次该如何做得更好。我记得有个孩子，当他被告知大多数火车事故都与最后一节车厢有关时，他竟然建议通过消除最后一节车厢来减少事故的发生！

结尾是无法消除的，开端也是无法消除的，甚至这样的想法都是对科学精神的一种否定。开辟新的领域无疑会更加令人振奋且收获颇丰，而且对社会也更加有益。科学突击队肯定比军事警察更为科学所需要，即使他们更容易变得肮脏且要遭受更高的伤亡率。比尔·马尔丁在第二次世界大战期间的漫画可以很好地说明前线战斗士兵和后方梯队士兵以及波兰军官之间的价值观冲突——必须有人第一个穿过矿区。（我起初称这个为"通过心灵领域"！）

当我在精神病理学方面的工作引导我探索非病理学——心理健康的人时，我遇到了前所未有的困难，例如价值观和规范性的问题。健康本身就是一个规范性的词语。我开始明白了为什么在这方面的研究一直留有空白。按照常规的研究准则而论，这并不是一项良好的研究（实际上，我称它为探索而不是研究）。它很容易受到批评，我也做过。有一个无法躲避的问题需要面对，就是我自己的价值观可能会影响我选择的研究对象。当然，有一组评审员会更好。今天，我们的一部分测试比任何无根据的判断都更加客观和公正。但在1935年这样的测验还不存在，当时要么独断结论，要么根本不做，我很庆幸我选择了这样的方式。因此，我学到了很多，也许其他人也学到了。

对这些相对健康的人及其特征的研究，使我不论作为个人还是作为科学家都打开了眼界，这使我不再满足于我过去认为的许多理所当然的解决方案、方法和概念。这些人提出了新的问题：什么是常规性、健康、善良、创造力和爱的本质？什么是更高的需求、美丽、好奇心、满足感、英雄主义？什么是利他主义和合作性、爱护弱者、同情与无私？什么是人道主义、伟大、超越的经验、高级价值？（从那以后，我一直在研究这些问题，我相信我有可能为这些问题的答案做出一些贡献。它们并不是不可验证的、"不科学"的问题。）

人类的这些"高级"心理过程并不适合也不能恰当地融入现有的机制中，从而得到可靠的知识。事实证明，这台机器很像我厨房里的一种叫作"垃圾处理器"的东西，它并不能真正处理所有的东西，只能处理一部分问题。我记得曾看到过一台精巧而复杂的汽车自动清洗机，虽然它在清洗汽车方面做得很出色，但它只能做到这一点，而落入它手里的其他所有东西都只能被当作一辆要清洗的汽车来处理。我想，如果你拥有的唯一工具是一把锤子，那么这会诱使你把一切东西都当作钉子来处理。

总之，我如果不放弃我的问题，就只能发掘新的解决方法。而我更倾向于后者。许多心理学家也同样如此，他们选择尽自己最大努力去解决重要问题（以问题为中心），而不是限制自己只做那些依靠现有技术就能完成的事情（以方法为中心）。如果你把"科学"定义为有能力做到的事情，那么无法做到的事情就变成了"非科学"的了。关于这个问题，我将在下文做更详尽的讨论。

畏惧认知：畏惧个人和社会真相

我们作为心理学家，与其他科学家相比，更需要与反对真理的人做斗争，与其他任何一种知识相比，我们更害怕了解自己，害怕那些可能改变我们自尊和自我形象的知识。正如我们所知道的那样，猫可能认为做一只猫并不难，它并不害怕成为一只猫，但是作为一个完整的人是困难的、令人生畏的、充满疑问的。当人类热爱知识并寻求知识时，他们是好奇的，但同时他们又是畏惧知识的。越是了解人类知识，越是令人畏惧，所以人类的知识往往是这种爱与恐惧之间的一种辩证与统一，知识包括对自我的防御、压抑、注意力不集中、遗忘。因此，任何能够获得这个真理的方法都必须包括精神分析学家所称的"抵抗分析"的某种形式，一种消除对自己真实认知的恐惧的方法，从而使人坦诚地认识自我——这是一件可怕的事情。

一般来说，我们可以评论某种知识。达尔文的自然选择理论对人类自我是一种巨大的打击；哥白尼看待事物的方式也是如此。然而，对知识的恐惧是有梯度的，知识越是客观的，越是不与我们个人所关注的联系紧密相连，越不接近我们的情感和需求，那么我们对知识的阻力就越少。而我们的调查越接近个人核心，阻力就越大。我们可以用一种"知识总量定律"来形容：与个人知识的距离越远，科学知识的总量就越大，学科的历史就越长，研究就越安全，科学也就越成熟。于是，我们对化学品、金属和电的了解（科学上）远远超过我们谈论性、偏见或剥削的了解。

在社会学科与心理学科的教学中，我们有时必须要告诉研究人员，他们要勇敢、有道德、懂伦理和策略，这样才能使热门话题成为现实。

希望被理解,害怕被理解

作为知识的对象,人与事物的不同之处在于他必须要被人知道,至少他必须允许自己被人知道①。他必须接受并信任知情者,甚至在某些情况下爱上他。他甚至可以说是屈服于知情者,反之亦然。被理解是好事,甚至令人兴奋且被治愈。本书中的某些例证也阐述了这一点(在整个心理治疗和社会心理学文献中也有许多这样的案例)。

---

① 当一个人成为自己的知识对象时,情况就变得更加复杂。一般来说,他最好有一个熟练的助手,这会在人和助手之间产生各种微妙的关系。也许十年前,在威廉·墨菲博士为精神病住院医师开设的心理治疗课上,我戏剧性地认识到这种关系可能会变得很不寻常。他说:"我给我的病人带来了他们所能承受的最大程度的抑郁和焦虑。"请记住,这是一位心理治疗师,他试图了解他的病人,也帮助他的病人更好地了解自己。我不确定这是一个认识论的声明,但它最肯定的就是:假定知者和已知者之间的这种关系不同于组织学家和他正在研究的幻灯片之间更"正常"的认识论关系,并且假定后者是模型关系,但是我很明显相信知道者的理论——必须扩大已知的关系,以涵盖前者和后者。

动机、目的、结果

在与人打交道时,你必须使你的认识论基于这样一个事实:人人都有自己的动机和目的,即使没有物理对象。不管是对上帝还是对人类本身,我们的传统科学很明智地把意图的投射从物质宇宙的研究中剔除了。事实上,这种净化是自然科学成为可能的必要条件。意图的投射不仅是没有必要的,而且对充分理解实际上是有害的。

但对于人类的研究而言,情况是完全不同的。人类确实有动机和目的,可以通过内省直接感知到,也可以很容易地通过行为学来研究,比如在非人类动物的身上可以看到这一简单的事实。这个事实虽然被系统地排除在传统自然科学的模式之外,却又自动地使其方法不太适合研究大多数的人类行为。之所以这样,是因为它没有区分手段和目的。正如波兰尼所指出的,它不能区分正确与错误的工具行为、有效与无效、是与非、病态与健康,因为所有这些形容词指的都是手段行为在实际生活中的适宜性和有效性。这种考虑对于纯粹的物理或化学系统是格格不入的,这些系统没有意图,因此不需要在好的和坏的工具行为之间进行区分。

有意识、无意识和前意识

我们的问题更为复杂，因为他的目的可能是不为人所知的。例如，他的行为可以是精神分析学家所说的"行为失控"，也就是说，明显地寻求一种外显的、可辨别的行动。

任何一门综合性的科学心理学都必须对有意识、无意识和前意识的关系，以及所谓的"初级过程"认知与"次级过程"认知的关系进行详细的研究。我们已经学会把知识看作是口头的、明确的、清楚的、理性的、有逻辑的、结构化的、亚里士多德式的、现实的、理智的。面对人性的深层次，我们心理学家学会了尊重那些无法表达的、隐晦的、不可言传的、神秘的、古老的、象征的、诗意的以及美学的。没有这些数据，一个人就不可能是完整的。但是，只有在人类身上，这些数据才存在，因此，特别的方法已被证明是必要的。这本书的其余部分都在探讨同样的问题和它的一些衍生问题：如果我们的任务是获取关于人类的知识，那么传统科学的概念和方法到底有哪些优点和不足？这些不足的后果是什么？他们有什么改进建议？可以提供哪些反提案供考虑和检验？一般科学能从人文科学中学到什么？

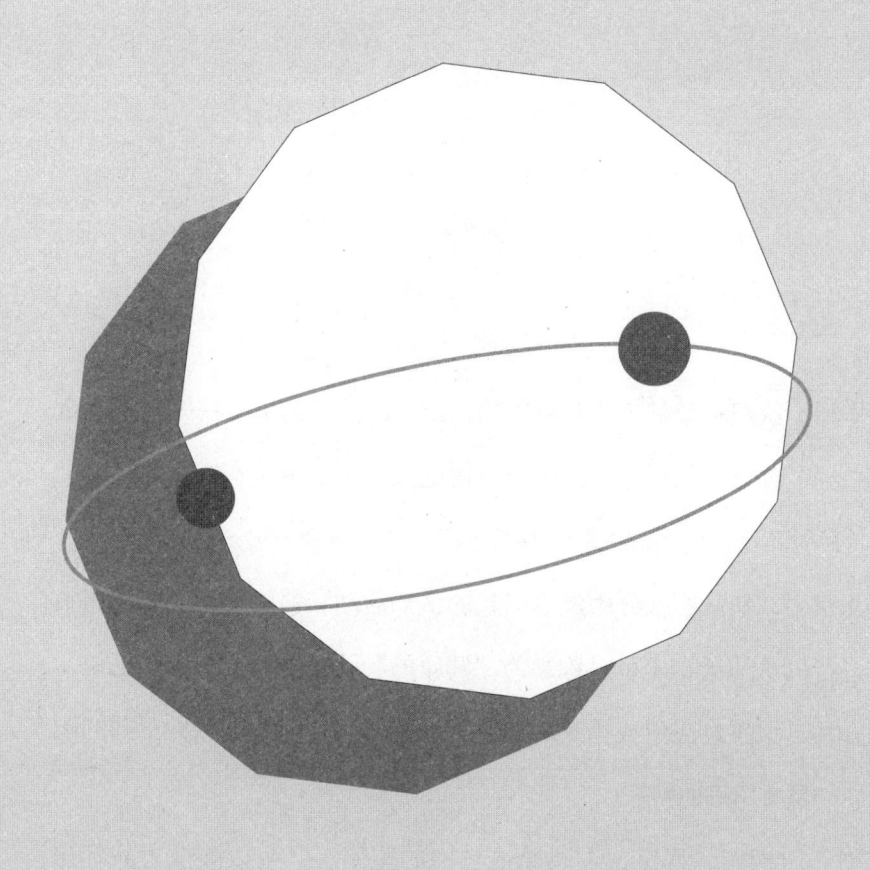

第三章
Chapter three

受恐惧与勇气影响的
认知需求

科学源于认识和理解（或解释）的需求，即认知需求。在另一篇文章中，我总结了各方面的论据来证明我觉得这些需求是出于本能，以此定义了人性（尽管不仅仅是人性）和物种特征。

在文章中，我试图区分由焦虑引起的认知活动和那些没有恐惧或克服恐惧而进行的认知活动（可以称之为"健康的"认知活动）。也就是说，这些认知冲动似乎在恐惧或勇气的条件下发挥作用，但在这两种不同的条件下，它们具有不同的特征。

好奇心、探索、操纵，在恐惧或焦虑的驱使下，可以被视为减轻焦虑的主要目标。从行为上看，这些行为似乎是对研究对象或探索领域的性质感兴趣，其实并不然，这可能是生物体努力使自己平静下来，并降低紧张、警惕和恐惧程度的一种行为。未知对象主要是焦虑的制造者，而审查和探索的行为则主要是为了"解毒"，使其成为不可怕的东西。有些生物体一旦重拾信心，可能会出于对外面独立存在的现实的纯粹好奇而对物体本身进行审查。然而，另一些生物体一旦"解毒"，面对熟悉的事物而不再感到可怕时，就可能对这个物体失去了兴趣。也就是说，熟悉会导致注意力不集中和感到厌倦。

从现象学角度看，这两种好奇心是不一样的。它们在临床和人格学上也是不同的。正如许多巧妙的实验所证实的那样，它们在一些非人类动物以及人类本身上的行为表现也是不同的。

对于人类来说，我们不可抗拒地被同样类型的数据所驱使，去提出一个超越纯粹好奇心的"更高"概念。不同的学者对理解的需要、意义的需要、价值观的需要、哲学或理论的需要、宗教或宇宙学的需要以及某种解释性的或合法的"系统"的需要有不同的说法。这些由初级向高级接近的概念通常指的是一些对秩序、结构化、组织、抽象或简化事实多重性的需要。相较而言，在大多数情况下，"好奇心"一词可以解释为对于单一事实、单一对象，或者至多是一组限定的对象、情境或过程的集中关注，而不是对整个世界或大部分世界的关注。

这种理解的需要就像它的认识需要一样，也可以被视为表达自我和组织行为，目的在于减轻焦虑。在这两种情况下，临床和人格学的经验表明，焦虑和恐惧通常比对现实本质的非人格兴趣更强有力。在这种情况下，"勇气"既可以被视为恐惧消除，也可以被视为克服恐惧的能力以及在畏惧的情况下仍能积极活动的能力。

无论是制度化的认知活动（如科学工作和哲学探索），还是个人化的认知活动（如在心理治疗中对真知的探求），都可以在这种背景下得到人们的理解。这其中又包含了多少焦虑和多少无焦虑的兴趣？由于大多数人类活动都是两者的结合，因此我们必须要问，焦虑与勇气的比例是多少？是怎么分配的？行为（包括科学家的行为）在最简化的图式中可以被视为这两种力量交互的结果，即混合了焦虑缓解（防御）机制和以问题为中心（应对）机制。

我曾在不同的场合中以几种不同的方式描述了这一基本的辩证法。每种方法都可以用于不同的目的。

首先，我区分了弗洛伊德的"防御机制"（在寻求满足的同时缓解焦虑）和我所说的"应对机制"（在没有焦虑的情况下积极、勇敢、成功地解决生活问题）。

其次，另一种有效的区分是缺失性动机和成长性动机之间的关系。认知可以更倾向前者，也可以更倾向后者。当认知主要是由缺失性动机引起时，它更需要缓解、平衡稳定和感受到缺失动机的减轻。

当行为更具成长动机时，它就不再倾向于需要缓解，而是倾向于自我实现和更全面的人性化，且极具表现力、无私、以现实为中心的行为。这就好像是"一旦我们解决了自己的个人问题，那我们就可以为了自己的利益而真正地对这个世界感兴趣"。

再者，成长被视为一系列反反复复的日常选择和决定，每个选择的结果不是退回安全范围就是向前发展。我们必须一而再地选择成长，也必须再而三地克服恐惧。

换句话说，科学家可以被看作相对防御性的、缺少驱动的和以安全需要为动机的个体，其主要是由焦虑所驱动，并以一种减轻焦虑的方式行事。或者他可以被视为已经克服了自身的焦虑，可以为战胜这些焦虑而积极地处理问题。作为成长的动力，这也可以被称为是为完整人格和个人实现所激发、趋向的成长。因此，可以自由地转向内在的趋于本质上的吸引人的现实。全身心地投入其中，不只是关心他的个人情感困难，也就是说，他是以问题为中心，而不是以自我为中心①。

---

① 对付这种焦虑有很多方法，其中一些是认知方面的。对这样的人来说，陌生的、模糊的、神秘的、隐藏的、意外的都容易受到威胁。使它们变得熟悉、可预测、可管理、可控制（不纠正和无害）的一种方法是了解它们。因此，知识可能不仅具有成长的前进功能，而且还具有减少焦虑、保护和自我平衡的功能。公开的行为可能非常相似，但动机可能不同，主观后果也不一样。一方面，我们松了一口气，一个忧心忡忡的房主半夜拿着枪在楼下寻找一种神秘而可怕的声音，这种紧张感降低了。这与年轻学生通过显微镜第一次看到细胞的微小结构，或突然理解交响乐、复杂的诗歌、政治理论的意义时的启发和兴奋，甚至是欣喜若狂完全不同。在后一种情况下，一个人会感觉更重要、更聪明、更强、更充实、更有能力、更成功、更敏锐。

这种动机辩证法可以在人类进程、伟大的哲学、宗教结构、政治和法律制度、各种科学，甚至能在整个文化中看到。简单地说，它们能够以不同的比例同时表示理解需求和安全需求的结果。有时，安全需求几乎完全可以使认知需求屈从于自己消除焦虑的目的。这使得无焦虑的人可以更加大胆和勇敢，可以为了知识本身而探索和理论化。我们当然有理由认为，后者更可能接近事物的真实本质。安全哲学、宗教或科学比成长哲学、宗教或科学更容易盲目。

认知病理学：认知中的焦虑缓解机制

从大多数病理案例中可以看到，这种工作动机证明了一点：寻求知识有助于减轻焦虑。

首先，让我们简单地了解一下那些脑部受伤的士兵，科特·戈德斯坦从他们身上学到了很多东西。他们的伤病和损失的能力，不仅让他们感觉自身的能力下降，而且让外部世界看起来更加不可抗拒了。他们的许多行为可以被理解为试图保护自尊、避免焦虑，以面对那些他们难以应对且只能期待失败的问题。为此，首先他们缩小了自己的活动范围，以回避他们无法处理的问题，并将自己局限于他们所能够处理的问题中。在这样一个狭隘的世界里，胆量变小，尝试减少，对愿望和目标不再有高期待，他们便可以很好地发挥作用。其次，他们对这些狭窄的世界进行了谨慎的排序和构筑。他们为一切东西创造了条件并使其各安其位。他们尽力缩小自己的活动范围，以使其可预测、可控制和变得安全。再后来，他们倾向于将它们冻结成静态不变的形式，以避免变化和流动。因此，他们的世界变得更可预测、更可控制且更不容易产生焦虑。

对于那些能力有限、不自信的人和认为外部世界远超自己可以接受的范围的人来说，这些都是明智的、合乎逻辑的、可以理解的事情，它们是有作用的，士兵们的焦虑和痛苦实际上也因此减轻了。在偶尔来参观的观察者看来，这些病人看起来很正常。

这些给人以安全感的机制在实用主义看来是健全的（而不是"疯狂的"、离奇的或神秘的），我们可以很容易地从与新失明的人的密切联系中看出：新失明的人，因为他们的能力不如以前，也必然会将世界视为更危险、无法抗衡的，且必须立即建立各种安全机制，以保护自己免受实际伤害。因此，他们不得不立刻缩小活动范围，也许是闭门不出直到他们能"控制"外部世界。每件家具都必须固定好它的位置，每件东西都必须保持原样。不能发生任何不可预知的或意外的事情，因为那是十分危险的。世界必须保持原样，改变意味着危险。从一个地方到另一个地方的路线必须牢记于心，所有必要的物品必须留在它们原来的地方。

这种情况在强迫症患者身上可以看到。这里有一个基本问题——简单地说，这似乎是对人内心的冲动和情感的恐惧。这是一种下意识地担心，如果他们失去控制，可怕的事情就会发生，或形成谋杀。因此，一方面，他严格控制自己；另一方面，他把这个内心的戏剧投射到外部世界中去，并试图控制它。他在内心拒绝的东西——情感、冲动、自发性、表达力，他在外部世界也同样拒绝，尽管以一种矛盾的方式拒绝。当他拒绝内心的声音和信号，从而失去了对自发的愿望和本能的信任时，他必须依靠外部的信号来告诉他该做什么和何时做，例如依靠日历、时钟、日程表、时刻表、量化、几何、法律，以及各种各样的规则。由于其变化性、流动性和不可预测性可能会使他无法控制，所以他还必须规划未来，对其进行编排，使其具有严密性，未来变得可预测；而他的行为也会逐渐被"组织"成可重复的方程式。

在这里，我们也认识到了具有相同安全机制的人。强迫症患者通过避免不舒服的人、问题、冲动和情绪来缩小自己的世界，也就是说，他过着一种狭隘的生活，并且倾向于成为一个狭隘的人。他缩小了自己的世界，以便能够控制它。为了避免他害怕的事情，他规整、调节甚至冻结自己的世界，以便它可以被预测，从而可以被控制。他倾向于"按数字"、按规则行事，依靠外部线索而非内部线索，依靠逻辑和事实，而不是冲动、直觉和情感。（一位强迫症患者曾问道："他如何才能证明自己恋爱了？"）

极端歇斯底里的神经症患者，通常与强迫症形成对比，在这里我们对其不感兴趣，因为他们内心压抑着极大的痛苦。很难想象这样的人能成为什么样的科学家，更不要说成为工程师或技术专家了。

最后，我们可以从一些多疑的人和偏执的人那里了解一些相关事实，他们强迫自己了解正在发生的一切，即他们害怕自己不知情。他们必须知道紧闭的大门后发生的事情，门后奇怪的声响也必须得到解释，听不清的话也必须要努力听清楚。对于他们来说，危险在于未知，只要未知，它就存在着危险。这种求知行为主要是防御性的。它是强迫性的、不灵活的、引起焦虑的和产生焦虑的。这种行为表面上看是对知识的寻求，因为一旦知道现实并不危险，它就不再有趣。那就是说，现实本身并不重要。

其他认知病态

对于其他一些在临床上可以观察到的疾病（主要由焦虑引起的），我们需要知道和了解的行为表现（无论是科学家或外行人），如下所示：

1.对确定性的强迫性需求（而不是对确定性的享受和欣赏）。

2.这种过早的概括往往是对确定性迫切需要的结果（因为不能忍受等待的状态，不知道如何决定）。

3.出于同样的原因，尽管有新的信息与之相矛盾，但仍不顾一切地、顽固地坚持某一论点。

4.否认无知（因为害怕显得愚蠢、软弱、滑稽）——不能说"我不知道""我错了"。

5.否认怀疑、混乱、困惑，需要显得果断、确信、自信；不能妄自菲薄。

6.顽固、神经症的人需要坚强、有力、无畏、强大、严厉。反恐惧机制是对恐惧的防御，也就是说，它们是否认一个人在真正害怕时的恐惧心理。最终，对于看起来软弱、柔弱或伤感的恐惧可能会被证明（误解）

是对女性特质的一种防御机制。在科学家看来，合理的愿望是"精明能干"、立场坚定，或者严格精准，但其可能会被病态化为"只是精明能干"，或者只是立场坚定，或者变得不严谨。即使在环境明确要求它作为更好理解的先决条件，例如在心理治疗中，也可能会发展成一种不能顺从、不受控制、不能忍耐和接受的倾向。

7.只有主动的、统治的、专横的、控制的、"强权的""阳刚的"能力，没有失控的、不干涉的、顺从的能力。这属于认知者的多样性的丧失。

8.精神分析类型的合理化（"我不喜欢那个家伙，我会找到一个很好的理由"）。

9.对模棱两可的事物无法容忍，无法接受含糊不清的、神秘的、尚未完全了解的事物。

10.要服从、要赢得认可、要成为团队的一员——不能不同意、不受欢迎、被孤立。这对认知的作用可以在阿施、柯拉茨菲尔德等人的实验中看到。

11.浮夸、狂妄自大、傲慢、妄想狂。在深度治疗中，这常常被证明是对深层谎言中的软弱感和无用感的一种防御。无论如何，这种类型的自我阻碍了对现实的清晰认识。

12.对偏执、浮夸或傲慢的恐惧。抵御自己的骄傲、伟大和神化倾向的。逃避自我成长，不相信自己能发现一些重要的东西。因此对这些发现视而不见，不相信它们，不能深入并探索这些发现，自己只处理一些琐碎的问题。

13.过分尊重权威，对伟人的过度崇拜，保持爱的需要。仅仅成为一个门徒，一个忠诚的追随者，最终成为一个走狗，不能独立，不能肯定自己。（"不要做弗洛伊德的追随者，而是要成为像弗洛伊德那样的人。""不要亦步亦趋地跟随大师的脚步，而是要寻求他们的目标。"）

14.轻视权威，挑战权威，不会向长辈或老师学习。

15.有且仅有理性、理智、逻辑、分析、精确、智力等需要，不能有非理性、狂野、疯狂、直觉等需要，尽管这样更适合当时的环境。

16.理性化，即将情感转化为理性，只感知复杂情境的理智方面，满足于空想而不是体验等，这是专业知识分子的一个常见缺点，他们往往在生活的情感和激情方面比在认知方面更加盲目。

17.智力可以作为一种工具，用来支配人，获得优越感，或者以牺牲部分真理为代价给人以深刻的印象。

18.由于许多原因，知识和真理可能引起恐惧，因此被回避或扭曲（第五章）。

19.墨守成规，即病态的范畴化，从实际的体验和认知中脱离出来（第十四章）。

20.两种极端化评价倾向：非此即彼，非黑即白。

21.对新奇事物的需求和对熟悉事物的贬值。如果一个奇迹被重复一百次，它就不会被视为奇迹。贬低已经知道的东西，如真理、陈词滥调等。

诸如此类，这个清单几乎可以无限延伸。例如，所有弗洛伊德式的防御机制，除了其他影响之外，还会导致认知效率低下。一般来说，神经官能症和精神病患者除了在其他方面外，一般都可以被认为是认知疾病。这几乎同样适用于人格障碍、存在性障碍、"价值病态"以及人的能力的衰竭、发育迟缓或丧失。甚至许多文化和意识形态都可以从这个角度进行分析，例如鼓励愚蠢、抑制好奇心等。

通往完善真理的道路是崎岖不平的，充分认识是很困难的。这不仅适用于外行人，也适用于科学家。他和外行人的主要区别在于，他有意识地、自愿地参与对真理的探索，然后他竭尽全力地学习求真的技巧和道德规范。事实上，一般来说，科学可以被认为是一种技术，易犯错误的人试图用它来改变自己对真理的恐惧、回避和歪曲的倾向。

因此，对认知病理学的系统研究似乎是科学研究中的一个明显且正常的部分。显然，这样一个知识分支应该有助于科学家成为一个更好的智者，一个更有效的工具。但为什么这方面的研究如此之少，这是一个谜题。

谨慎认识与勇敢认识的统一

这些"美好的"科学词汇——预测、控制、严谨、确定、准确、整洁、有序、合法、量化、证明、解释、验证、可靠性、合理性、组织性——在被推向极端时能够变得病态化。所有这些都可以被强制用于安全需求的服务中，也就是说，它们可能成为主要的避免焦虑和控制焦虑的手段。它们可能是解除混乱而可怕的世界的机制，也可能是爱和理解这美丽迷人的世界的方式一样。为其确定性、精确性或可预测性等工作可能是健康的或不健康的，可能受防御动机驱动或成长动机驱动可能会导致焦虑的缓解或发现和理解的快乐。科学可以是一种防御，也可以是一条通向实现自我的道路。

为了确保论点不被误解，我们还必须注意到勇敢的、有成长动机的、心理健康的科学家。再一次采取极端的案例，以获得鲜明的区别和对比。所有这些相同的机制和目标都能在以成长为动机的科学家身上找到，不同的是他们没有神经症[①]。他们不是强迫性的、僵化的、不可控制的，当这些

[①] 看看霍妮的神经质的个性，我们这个时代的神经质的爱、安全、尊重等需求与健康的爱、安全或尊重的需求的优秀区分。

奖励被推迟时，也不会产生焦虑。他们不是急需的，也不是必需的。对于健康的科学家，他们不仅可以享受精确的美，还可以享受草率、随意和模糊的乐趣。他们既能够享受理性和逻辑，也能够愉快地着迷、狂野或情绪化。他们不怕直觉或不现实的想法。理智是令人愉快的，但偶尔忽略常识也是令人愉快的。发现合法性是很有趣的一件事情，解决问题的一系列精巧的实验也能够产生巅峰体验。但是困惑、猜测和做出奇妙有趣的猜测也是科学游戏的一部分，也是追逐乐趣的一部分。思考一条雅致的推理路线或数学证明可以产生伟大的审美和神圣的体验，但对深不可测的事物的沉思也是如此。

所有这些都体现在伟大的、有创造力的、有勇气和胆量的科学家的广泛活动中。这种既能受控制也能不受控制、既能严谨又能松散、既理智又狂热、既清醒又沉醉的能力，似乎不仅是心理健康的特征，也是科学创造性的特征。

最后，我相信，我们必须将谨慎和大胆的技巧纳入年轻科学家的培养教育之中。只有谨慎和清醒才能培养出优秀的技术人员，他们不太可能发现或发明新真理或新理论。对于科学家来说，谨慎、耐心和保守是必不可少的，但如果想要追求创新，那么最好以大胆和勇敢作为补充，这两者都是必要的。它们不会互相排斥，它们可以相互融合，共同构成了灵活性、适应性和多样性。或者，正如精神分析学家常说的，最好的精神分析学家（科学家或普通人）是将歇斯底里和强迫症双方的优点结合在一起的人，而不是将两者的缺点排除。

从认识论的角度来看，如果我们接受认识者与认识对象之间的同构和平行的相互关系,那么我们就可以自信地期望能够认识更高的真理。只有谨慎的认知者,才能回避一切可能引起焦虑的事情,他们所能认识到的世界远比那些强者认识的世界要小。

第四章

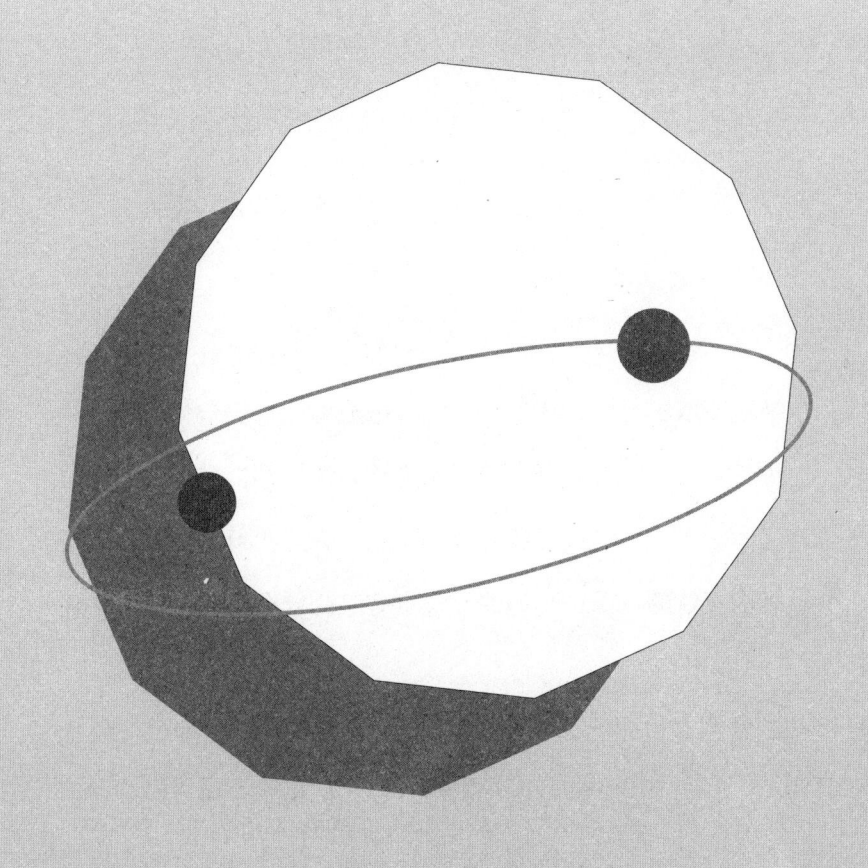

Chapter four

安全科学与成长科学：
以科学作为防御手段

因此，科学就变成了一种防御机制。它可能成为一种安全哲学，一种安全系统，一种避免焦虑和烦恼问题的复杂方法。在极端情况下，它可以成为一种逃避生活的方式，一种自我封闭的状态。它至少可以在某些人手中成为一个具有防御性的、保护功能的、稳定有序的社会机构，而不是强调发现和更新的社会机构。

这种极端制度观点的最大危险在于企业最终可能会像一种官僚机构一样，变得功利，忘记了当初的意图和目标，反而构筑了一道反对创新、创造、革命的"万里长城"，如果真理本身不能令人信服，甚至还会反对新的真理。官僚主义者可能成为天才们的隐秘敌人，就像批评家们经常与诗人们敌对一样，就像牧师们经常与建立教堂的神秘主义者和预言家敌对一样。

如果想理所当然地认为科学的功能不仅是革命性的，而且也有保存功能、稳定和组织作用的——就像每一种社会制度一样，如何才能避免这一保存功能的病态化呢？我们怎样才能使它保持"正常"、健康且富有成效呢？我认为，最基本的答案与前一章的答案大致相同：要更加了解科学家的个人心理，充分认识他们的个体特征差异，认识到科学的任何目标、方法或概念都可能在个人或社会机构中变得病态化。如果这些个体足够多，他们可能会"捕获"这个科学机构，然后将他们的狭隘观点贴上"科学哲学"的标签。

每个个体之间的推拉和牵引是平行的，每个个体的内部冲突是相似的。恐惧与勇气、防御与成长、病理与健康之间的斗争是一场永恒的心灵斗争。我们从个体内部这场冲突的病理和治疗中学到的重要教训是：站在勇气、成长和健康的一边，也就意味着站在真理的一边（特别是因为健康的勇气和成长包括健康的清醒、谨慎和坚强的自我意识）[1]。

在其他出版物中，我试图证明二分法是导致思想病态化的主要原因。与包容性、综合性和协同性的思维不同，二分法将本来结合在一起的事物分开。剩下的事物似乎还是一个完整的、自给自足的实体，但它实际上是分离的、孤立的碎片。胆量和谨慎可以是一分为二的，也可以是合二为一的。在同一个人身上保持谨慎与大胆是完全不同的，不严谨（"纯粹的大胆"）会变成鲁莽和缺乏判断力的。

优秀的科学家大多都是多才多艺、适应力较强的人，也就是说，在某一情形下，他们既能够保持谨慎和怀疑的态度，又能够大胆行事。这听起来像是一位依靠感觉随心所欲烹饪的厨师提出的不太有帮助的建议，即"不要太多盐，也不要太少盐，而是要适量"。但是对于科学家来说，他们

---

[1] 个人的意见可能在这些辩证倾向之间有助于保持平衡，并防止在我们的社会中几乎是一种反射的相互排斥的非此即彼的选择。在对我自己的智力和科学生活的精神分析中，我发现有必要避免过度谨慎和过度勇敢、过度控制和过度冲动的诱惑。我认为这种永无休止的冲突，这种在退却与进步、保守与大胆等日常选择中的必要性，是科学家生活中不可或缺的内在组成部分。波兰尼（60岁）更清楚地表明，科学知识是"个人的"，它必然涉及判断、品味、信仰、赌博、鉴赏、承诺和责任。

的处境是不同的，因为对于他们来说，有一种判断"适当数量"的方法，也可以说是最有利于发现真理的方法[①]。

[①] "歇斯底里"和"精神分裂倾向"都是全面、多才多艺和灵活的科学家所需要的条件（在这些科学家身上，他们与其他人的性格并没有大的不同，因此也没有病态化）。正如我说过的，很难想象极端歇斯底里或极端精神分裂症患者想要成为一名科学家或有能力成为一名科学家。极端强迫症患者可能是某种科学家，或者至少是技术专家。

成熟和不成熟的科学家

在某种程度上,库恩对普通科学家和顶尖科学家之间的区别,与不成熟的青少年到成熟的成年男性的发展过程是相似的。男孩关于未来想成为怎样的人的想法更多地体现在"正常"的科学家或实用的技术专家身上,而不是伟大的创作者身上。如果我们能更好地理解青少年对成熟的看法与真正成熟之间的区别,我们就能更好地理解为什么会有对创造性的深层恐惧和对创造性的反恐惧防御。这也反过来告诉我们,我们每个人内心会有针对自我实现和最高命运的永恒斗争。女性更倾向于把不成熟理解为一种歇斯底里的形式,这与科学家的形成关系不大。

青春期前后的男孩陷入了想保持年轻和想长大变得成熟的矛盾之中。童年时期和成熟时期各有各的快乐,也各有不利条件。无论如何,生物学和社会都不容许他有其他的选择。事实上,在生物学上他不断成长,在社会上总是被要求遵循文化传统。

所以他不得不从母亲的宠爱中解脱出来——至少在人类社会中是这样的。这是一种让他倒退的力量,他试图实现独立,摆脱对女人的依赖。

他想加入男人的行列，成为父亲的独立伙伴，而不是父亲眼中的孝顺、服从的儿子。他认为人是坚强的，无畏的，适应能力强，不会受到痛苦的影响，挣脱感情的束缚，有权威性，发怒时令人生畏，可以撼动世界，是实干家、建设者、现实世界的主人。他努力做到这一切。他无法拒绝任何挑战，从而掩盖了他的恐惧和胆怯——当然，这是过度了的带有反恐惧的防御。他喜欢招惹女孩，让女孩感到恐惧。他不会温柔，有爱的冲动，没有同情心和怜悯——所有这些都是为了变得强大或者至少看起来强大。他与大人、当权者、权威者和所有的长辈开战，因为终极的坚韧是体现在不畏惧长辈上的。他试图摆脱他的主宰者（如他所见），虽然他仍然感到渴望依赖他们，但他必须从内心真正摆脱。当然，在某种程度上，长辈们是真正的主宰者，把他当作一个需要被照顾的孩子。

如果我们多看一下周围应该注意的事实，我们可以发现这些概念的体现和投射。例如，我们可以看到牛仔的形象、强悍的犯罪分子或帮派头目、大无畏的"福斯迪克式"的侦探、联邦调查局的调查员，或许还有许多体育明星。我们只考虑一个例子，看看经典的西部电影中牛仔形象的表演和幻想出的元素。这个男孩最明显的特点和光荣梦想就在这里，他是无畏的、坚强的，也是"孤独的"。他不会表达自己的爱，除了他的马，他不喜欢任何人或事物，甚至他很少对女人展现任何浪漫或温柔的爱，在他看来，女人不是妓女就是良家妇女。他把这一切都想象为是同性恋者的极端对立面，他把所有的艺术、所有的文化、所有的智力、教育和文明都包含在同性恋者的领域。这些对他来说都是女性化的，还有任何类型的情感（除了愤怒）、面部表情、秩序和宗教也都是如此。幻想中的牛仔从来没有孩子，也没有父母或姐妹（他们可能有兄弟）。请注意这样一个事实，即虽然死亡事件很多，但鲜血、残害或痛苦很少，可以说是根本没有。同时也要注意，这里往往存在着统治等级，也可以说是等级制度，而英雄总是在等级制度的顶端俯视一切。

事实上，真正成熟的人不仅在年龄上成熟，而且在人格发展方面也成熟，简言之，成熟的人并没有受到他的"弱点"、情绪、冲动或认知的威胁。因此，他不会受到青少年所谓的"女性气质"的威胁，而是受到他更喜欢称之为"人性"的威胁。他似乎能够接受人性，因此他不必与自己内心的本性作抗争，也不必压制自身的各个部分。一位斗牛士曾说过："先生，我做的任何事都是有男子气概的。"这种对自己本性的接受，并不是为了迎合某种外在的理想，而是更成熟的男性的特征，他们如此自信，以至于不必花费心思去证明任何事情。对经验的开放态度是其特有的品质。矛盾心理得到解决之后的状态也是如此，即能够全身心地去爱，不带有敌意、恐惧或控制的必要。为了更贴近我们的论题，我也会用"存在"一词来表达一种情感，不仅是爱，还包括愤怒、迷恋，或者完全沉醉于一个科学问题。

正是这些情感成熟的特征与迄今为止所发现的有创造力的人的特征高度相关（我不会说"杰出的"或"有才华的"人，这可能是完全不同的）。例如，理查德·克雷格已经证明了托伦斯列出的创造性男人的性格特征和我列出的自我实现的人的性格特征几乎完全重叠。事实上，这两个概念几乎是相同的。

一般科学家的哪些特征可能是不成熟的表现，需要密切关注和研究呢？有许多是相关的，但是举一个例子就可以证明了。让我们来研究一个过度强调压抑和排斥的态度，就是上述我所描述的青少年时所说的，后者压抑并排斥他们所害怕的看起来软弱或女性化的东西。因此，根据他不信任自己有冲动和情绪的基本动力，以及在控制上的压力，那些过度自信、过度强迫或"不成熟"的科学家往往会排斥、设置障碍、紧闭大门、怀疑。他也不喜欢别人缺乏控制，不喜欢冲动、热情、异想天开和不可预测性。他很冷静、清醒，而且是严厉的。他更喜欢科学中的坚韧和冷静，而不是把它们同义化。很明显，这些考虑是相关的，应该对它们进行更深入的研究。

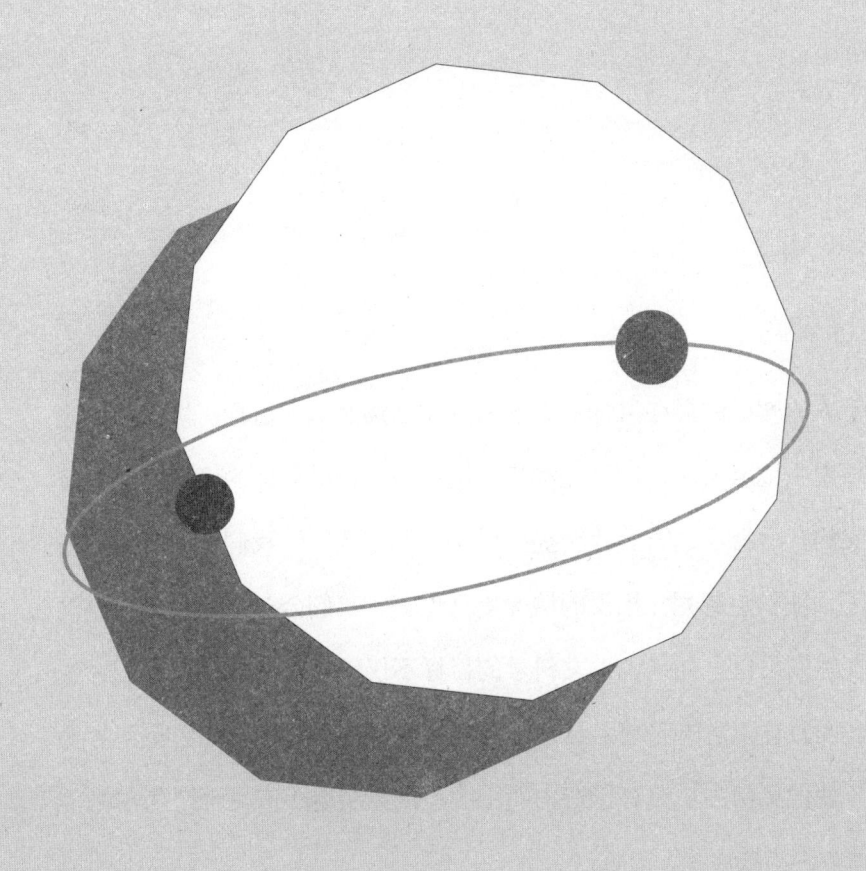

第五章
Chapter five

预测人还是
控制人

关于人的知识的最终目标不同于事物和动物的知识目标。当我们谈论分子、草履虫或家畜时，把预测和控制说成是一种排他性的设计，这是有一定意义的。尽管在这方面我会提出异议，但怎么能说我们认识人类的努力是为了预测和控制呢？相反的情况更常见——我们会对这种预测和控制的可能性感到恐惧。如果说人文科学的目标不仅仅是对人类神秘感的迷恋和享受，而且这就意味着将人从外部控制中解放出来，使观察者更不容易预测他（使他更自由、更有创造力、由内在因素决定），甚至是考虑到他自己可能更容易被预测。

至于自我认知的目标，这是另一回事，甚至是更复杂的事情。自我认知是最重要的，不只是为了自身，它本质上很吸引人，你也会感觉这很好（至少从长远来看）。同时，我们也确信，即使这是一个痛苦的过程，但它是消除症状的首选途径。它是一种消除不必要的焦虑、抑郁和恐惧的方法，是一种结束感觉良好的方法。甚至，我们已经了解到，19世纪的自我控制目标（在任何情况下都是通过意志力，而不是自我认知）正在被自发性的概念所取代，几乎与旧的自我认知概念相反。这意味着，如果我们充分了解自己的生物本质即内在的自我，那么这一知识就表明了我们的个人命运。它意味着我们要热爱我们的天性，只要我们足够了解它，并顺从于它，享受它，就能充分地表达它。反过来，这意味着对美好生活的许多历史哲学的否定。对大多数西方哲学家和宗教家来说，成为一个完美的人的方法就是控制和抑制低等动物的生物本性。

但是，人本主义心理学家的自发性理论暗示了一种截然不同的模式（例外是边缘情况的模式实例）。最基本的冲动本身并不一定是邪恶或危险的，这些冲动的表达和满足问题本质上是战略问题，而不是对与错或善与恶的问题。对需求表达和需求满足的"控制"现在已经变成了如何最好地满足、何时满足、在何处以及以何种方式满足的问题。这样的"阿波罗式"的控制并没有使需求受到质疑。我甚至可以说，任何环境或文化，如果对它们提出质疑，把性、饥饿、爱、自尊等作为一种永久性的伦理问题来看待，可能会被怀疑是一个"坏"社会的实验。

由此得出的结论是，"控制"这个词对人本主义者有着不同的意义，一种是与冲动协同，而不是与冲动相矛盾。这意味着自我认识的目的比压制性的自我控制更接近我们所说的自由。

对于可预测性同样也是如此。这似乎也经历了定义上的巨大变化，当其应用在自我或人的知识上时。这一点也可以通过对治疗后的人们、完全人性化的人们等进行实验研究。

以可预测性为目标

"可预测"一词通常是指"科学家可预测",也有"科学家可控制"的含义。有趣的是,当我能预测一个人在某些情况下会做什么事情时,这个人往往会对此有怨恨。不知为何,他觉得这意味着对他缺乏尊重,好像他不是自己的主人,好像他不能控制自己,好像他只是一件东西。他往往感觉自己被控制、被支配、被哄骗了。

我观察过这样一个例子:一个人故意扰乱预测,只是为了重申他的不可预测性、自我管理能力和自主性。例如,一个10岁的女孩是个乖孩子,以遵守纪律和成绩优秀而闻名,有一次却出乎意料地扰乱了课堂纪律,她竟然把炸土豆当作笔记本交了出来。仅仅因为(据她后来说的),每个人都认为她的好行为是理所当然的,所以她才故意交错笔记本的。例如,有一位年轻人,他的未婚妻说他做事很有条理,因此她总是期待着他做些什么,所以他故意做了她不期望他做的事。不知为何,他觉得她的夸奖是一种侮辱,他就要反其道而行之,不听她的话。可预测性往往是严重病态的一个标志。例如,科特·戈德斯坦研究的脑损伤士兵可以很容易地被医生操纵，因为他们对某些刺激的反应是可预测的，受刺激约束意味着既可被预测又可被控制。

然而，我们也用这个词表示褒义："在紧急情况下，你真的可以信赖他""他在紧急情况下总是能挺过来的""我愿用我的生命来担保他的诚实"。我们似乎希望人格的基本结构保持连贯性，但并不指望所有细节都一成不变。

如果我们考虑到自我认知的问题，那可预测性的目标就更加复杂了。似乎可以做出这样的类比，即自我认知减少了对人的外部控制，增加了对人的内部控制，也就是说，减少了"他决定"增加了"我决定"。随着自我认知的增加，它肯定会增强自我预测能力，至少在重要和基本问题上是这样。然而，这可能意味着其他人在许多方面无法预测。

最后，我想补充一些关于预测、控制和理解的概念，这些概念在我们现在所知道的最高层次上，即存在层次上。在这个层次上，存在的价值已经融入自我当中。事实上，它们已经成为自我的决定性特征。真理、正义、善、美、秩序、统一、全面等现在已成为必需，从而超越了自私与无私、个人需要与非个人需要之间的分歧。

现在，自由已经成为斯宾诺莎式的自由，即拥抱和热爱自己命运的自由，这至少在一定程度上取决于对自己的真实自我（一个角色）的发现和理解，以及对自己是谁、真实自我（一个角色）的理解，并对屈服于它的渴望。这是让它控制，自由地选择由它决定；因此它是超越"自由与决定论"或"自由与控制"，抑或"作为目标的理解与作为目标的预测与控制"之间的种种分歧。这些词语的意思发生了变化，在某种程度上，它们之间的联系需要仔细研究。无论如何，到目前为止，有一件事必须弄清楚。当我们达到科学的人本主义和跨人本主义的水平时，牛顿的"运动中的物质"科学概念所适用的"预测"和"控制"的简单概念就被抛在了后面。

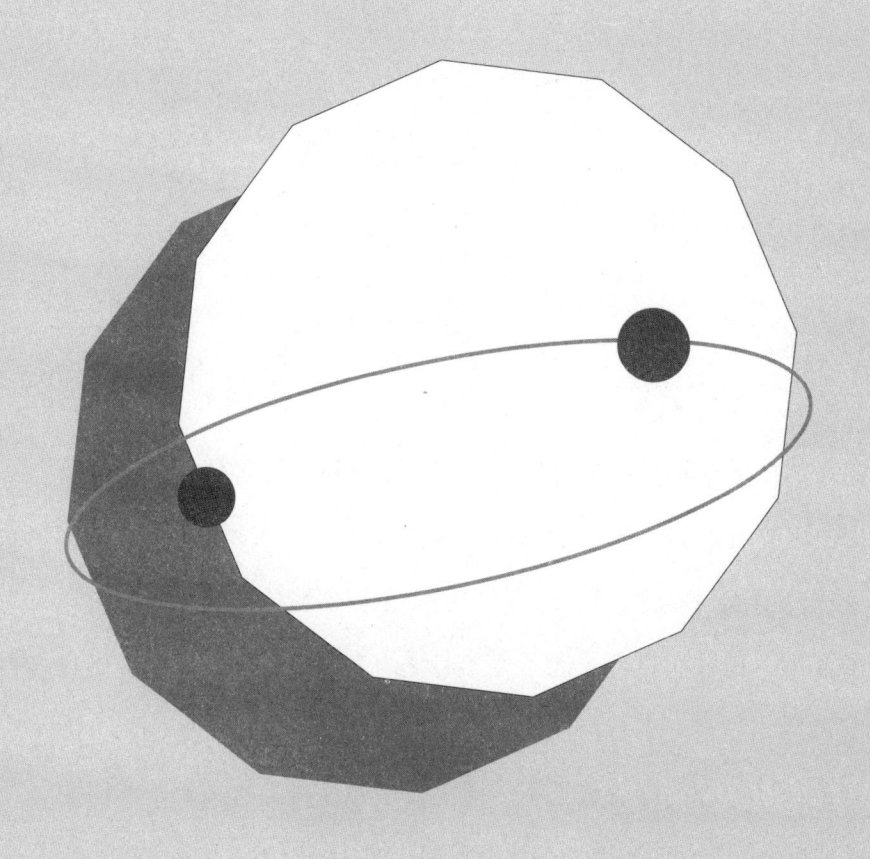

第六章
Chapter six

经验知识与
旁观者知识

生活中的许多事物不能通过语言、概念或书籍很好地传播，我们所看到的颜色不能依靠天生的盲人来描述。只有会游泳的人才知道游泳的感觉；不会游泳的人只有通过世界上所有的文字和书籍的介绍才能对游泳有大致的了解。精神病患者永远不会知道爱的幸福；年轻人必须等到自己成为父母后才能完全了解自己的父母，才会说"我过去怎么那么不懂事""我的牙痛和你的牙痛感觉不一样"，诸如此类。也许更好的说法是，所有的生命都必须首先以体验的方式被认识。经验是无法替代的，什么都不可以[1]。所有其他的交流和知识工具——词汇、标签、概念、符号、理论、公式、科学——都是有用的，因为人们已经通过经验有所了解。认

---

[1] 这个经验的世界可以用两种语言来描述，一种是主观的、现象学的；另一种是客观的，如尼尔斯·玻尔早就指出"天真的现实的"。每个人都可以接近日常生活的语言，但都不能完全描述生活。每一种都有其用途，而且两者都是必要的。

心理治疗专家早就学会了区分这些语言并运用不同的语言。例如，在分析人际关系时，他们试图教病人以一种不责备、不反对的方式说"在你面前，我感觉自己很渺小"（或"被拒绝"，或"生气"等），而不是说"你不喜欢我""你认为你比我强""别想控制我"或"你为什么喜欢让我觉得自己很愚蠢"？也就是说，教他们体验自己内心的情感，而不是像大多数人那样，自动地向外投射。这一明显重要的差异太大，无法在这里继续写下去。

识领域的本金是直接的、亲密的、体验性的知识。别的一切就像是银行和银行家、会计制度、支票和纸币，除非有真正的现金可供交换、操纵、积累和调用，否则这些都是无用的。

这个简单的真理很容易超越其适当的范围。例如，虽然红色对于先天失明的人来说是无法形容的，但这并不意味着语言是无用的。像有些人推断的结论那样，用语言与那些有经验的人交流和分享是很好的。匿名戒酒者、匿名赌徒、辛那侬组织以及类似的团体都证明了这两点：第一，语言在缺乏经验的人面前是无用的；第二，语言在有经验的人之间交流是相当有效的。女孩们只有等到自己生完孩子后才能"理解"自己的母亲，并与母亲友好相处。更重要的是，语言和概念对于组织和整理经验的世界和它们所给予我们的超经验世界是绝对必要的。（诺思罗普在这一点上的论述尤其出色。）

如果我们在这些考虑的基础上再加上整个世界的初级过程、无意识的和前意识、隐喻的交流，以及非语言的交流——比如说两个舞伴之间的交流——我们会进一步丰富整个画面，即经验知识是必要的，但不是全部，换句话说，它是必要的，但不是充分的。因此，我们避免了经验知识和概念知识的分割与对立。我的论点是，体验性知识先于语言概念性知识，但它们是层次性的整合，相互需要。没有人敢在任一种认识活动中做过多的研究。精神层面的科学比排除经验数据的科学更强有力。

这些声明也不需要以任何方式与"微观的"行为主义相对立，也就是说，在知识可靠性的层次上，公共知识比个人和主观知识更可信和更稳定。心理学家们只是单纯地知道内省主义的缺陷，但他们不可能做到。我们都非常了解妨碍认知真理的幻觉、妄想、错觉、否认、压抑，以及其他防御手段。既然你没有我的压抑或错觉，那么把我的主观经验和你的主观经验进行比较是一种简单易行的方法，可以过滤掉我内在心理防御的扭曲力量。我们可以称之为最简单的真实验证，它是检验知识的第一步，通过验证知识是共享的，也就是说，它不是幻觉。

这就是为什么我认为：（1）大多数心理问题都应该从现象学开始，而不是从客观的、实验的、行为的实验室技术开始。（2）通常，我们必须从现象学开始，向客观的、实验的、行为的实验室方法推进。我认为这是一条正规且常用的途径——从一个不太可靠的开始到更可靠的知识水平。例如，如果一开始就用物理学的方法对爱进行科学研究，就会显得太琐碎，对仅仅略知一二的事情太苛刻，就像是用镊子和放大镜来探索大陆一样。但是，如果把自己局限于现象学方法也是不可取的，那样就会变得满足于较低程度的确定性和可靠性，而不能上升到实际可达到的水平。

卓越的知者

过去几十年的临床心理学和实验心理学，使人们更加清楚地认识到了逻辑上的先验需求，即在认识活动之前，成为一个优秀的认识者。扭曲的力量不仅来自各种心理病态，而且来自更"正常"的未满足的需要、隐藏的恐惧、"正常"或普通人格特有的防御机制，这种力量远远超出了19世纪前人类所能设想到的范围。在我看来，我们从临床和人格学经验中学习到：

（1）心理健康的改善可以使人成为一个更好的认识者，甚至是一个更好的科学家；（2）通过自我认识、洞察和诚实态度，可以改善健康水平和丰满人性，进而对自己有深刻的了解。

总之，我所阐释的是，在逻辑上和心理上真正地了解自己比认识外部世界更重要。经验知识先于旁观者知识。如果你想观察这个世界，做一个优秀的预言家显然是明智的。这里的要义可以理解为：把自己变成一个好的知识工具，像清洁显微镜的镜片一样洗涤自己，尽可能地变得无畏、诚实、真实和超越自我。正如大多数人（或科学家）不能尽力做到无畏、超越自我、诚实、无私或专注一样，那么大多数人不能像他们一样成为胜任的认识者。

我在此只想问一个问题：这对科学家的科学教育和对非科学家的科学教育意味着什么？甚至问这个问题也足以让我们怀疑什么叫科学教育。

但我必须把我的论述完善一下，我们不能止步于此。诚实、认真、体面是很好的，除此之外还有什么呢？真实性和知识是不一样的，就像干净的显微镜不同于知识一样。诚实是成为一名好的科学家的先决条件和必要条件，但熟练、有能力、专业、有知识、有学问也是必不可少的。健康是必要的，但对于理想中的认识者和工作者来说并不是充分的条件。

也就是说，只有经验知识是不够的，只有自我认识和自我提高是不够的，认识世界并成为胜任的认识者这一任务仍然未完成。因此，积累和整理知识的任务，即旁观者的知识、非人格的知识也仍然存在。

我希望我说得清楚。我再一次用等级整合取代了两分对立。这两种知识是相互需要的，在良好的条件下应该紧密地结合在一起。

旁观者对事物的了解

传统科学家所说的"知道"是什么意思？让我们记住，在科学诞生之初，"知道"这个词意味着"了解外部物理世界"，对于传统科学家来说，这个词仍然是这样。它意味着观察一些非你、非人类、非人格的东西，是一个独立于观察者以外的事物。对于这件事物来说，你是一个陌生人、旁观者、观众中的一员。你这个观察者对它格格不入，不理解，没有同情心和认同感，没有任何默契可言。你透过显微镜或望远镜观察，就像透过一个锁孔从外面窥视，而不是作为一个有权接受窥视房间里的人。这样的科学观察员不是一位参与观察员。他的科学可以被比作一项旁观者运动，也可以认为是一名旁观者。他没有必要参与他所看到的，没有忠诚可言，没有利害关系。他可以冷静、超然、无感情、无欲望，完全置身于他所看到的事物之外。他站在看台上，俯视着竞技场上的活动，但他不在竞技场上。实际上，他并不在乎谁输谁赢。

如果他在看一些对他来说完全陌生的东西，他就也应该保持中立。最好是为了观察结果的真实性，他可以保持中立，不赞成也不反对，不对可能得出的结果抱有某种希望或愿望。如果他想寻求一份真实的报告，最有效的方法是不趋向于任何既定的方向发展。当然，我们知道，在理论上这种中立和不干涉几乎是不可能的。然而，朝着这样一个理想方向的运动是可能的，并且不同于远离它的运动。

它将有助于与曾经阅读过马丁·布伯著作的人交流，如果我将其称为"我—它"知识与我将试图描述的"我—你"知识形成对比。有时候知识是你对事物所做的一切事情，只要涉及的是那些人类的性质不能确定和理解的事物和对象。另见索罗金的著作，他从不同的切入点得出了相似的结论。

我在这里并不是说，这种异己的知识就是最好的知识，即使对事物也是如此。更敏感的观察者能够将更多的外界事物融入自我，也就是说，他们能通过认同和移情作用更广泛、更宽阔、更包容生活和非生活事物的圈子。事实上，这可能是高度成熟人格的一个显著标志，很可能在某种程度上的这种认同使相应程度上的经验知识成为可能。因为这种认同可以被广泛定义为"爱"，它的能力是研究目的，从内部增加知识可以被认为是通过爱来促进知识的一个例子。或者我们可以提出一个概括性的假设来理解：对物体的爱似乎可以增强对此对象的经验知识，而缺乏爱则会削弱对此物体的经验知识，尽管它很可能会增加对同一物体的旁观者知识。

由常识经验支持的一个明显的例子可能是这样的：研究者A对精神分裂症（或白鼠或地衣）非常着迷。然而，研究人员B对躁狂抑郁性精神病（或猴子或蘑菇）更感兴趣。我们可以满怀信心地期望，研究者A会（a）自由选择或更喜欢研究精神分裂症等；（b）在这方面工作得越来越好，更耐心，更顽强，对相关的杂务更宽容；（c）对精神分裂症患者有更多的预感、直觉、梦想和启发；（d）更有可能对精神分裂症有更深刻的发现；（e）精神分裂症患者和他在一起感觉更轻松，并说他"理解"他们。在所有这些方面，他肯定会比研究者B做得更好。但是观察结果显示：原则上，这种优越性对于获得经验知识远远超过获得关于某事物的知识或旁观者的知识，即使研究者A可能会在这方面做得更好一些。

就旁观者对异己事物的了解而言，任何有能力的科学家或研究助理都可以自信地以惯例、常规的方式积累有关任何事物的知识，例如外部统计数据。事实上，当今正是"计划"、赠款、团队和组织的时代，这种事情确实很多。许多科学家可以被雇用去做一个又一个毫无关联的、没有激情的工作，不管他喜欢与否，就像一个好的销售员为了自己能够销售任何东西而感到自豪，或者像一匹马套在什么车上就拉什么货一样。

这是描述认识者和认识者之间的笛卡尔哲学的一种分裂方式，就像存在主义者所说的那样。我们也可以称之为"疏远"，甚至可能是认识者彼此间的疏远。我从以前的事情中清楚地认识到，我可以设想认识者和认识对象之间、感知者和知觉对象之间的另一种关系。我—你的知识，通过经验获得的知识，来自内在的知识，爱的知识，存在的知识，融合的知识，认同的知识——所有这些都将被提及。这些其他形式的知识不仅存在，而且如果我们试图获取某一特定的人，甚至是一般人的知识，它们实际上会是更好、更有效、更可靠和更有效的知识。如果我们想了解更多的人，那么我们最好这样做。

体验的某些性质和特征

禅宗佛教徒、一般的语义学家和现象学家所描述的那种最充分和最丰富的体验，至少包括以下几个方面（我的主要数据来源是对巅峰体验的研究）：

1.用西尔维娅·阿希顿·瓦尔纳的话来说，优秀的体验者会"完全沉迷在当下"。他暂时失去了自己的过去和未来，完全生活在现在的体验中。他"全身心地"沉浸、专注、着迷于现在。

2.自我意识暂时丧失了。

3.体验是永恒的、无处不在的、无社会的、无历史性的。

4.在最充分的体验中，体验者与体验对象产生了融合关系。这很难用语言表达，但我将在后文尝试说明。

5.体验者变得像孩子一样，变得更"无辜"，更容易毫不怀疑地接受。在最纯粹的极端中，人在这种情况下是赤裸裸的，没有任何形式的期望或担心，没有"应该"或"必须"，没有通过任何先验的经验得到什么，或者什么是正常的、正确的、适当的、不错的想法。天真的孩子接受发生的任何事情，都不会感到惊讶、愤怒或否认，也不会有任何"改进"的冲动。全部的经验淹没了"无助的"、无意愿的、错愕的、无私而感兴趣的体验者。

6.充分体验的一个特别重要的方面是重要的—不重要的对立。理想情况下，经验不会被构筑成相对重要或不重要的外在表象，也没有中心或外围、本质或外在的区分。

7.在好的例证下，恐惧会消失（连同所有其他个人或自私的考虑）。那此时的体验者就是无防御的。这段经历毫无阻碍地涌上他的心头。

8.努力、意愿、紧张往往会消失。经验是不可能发生的。

9.批评、编造、检查证件或护照、怀疑、选择和拒绝、评估——所有这些都趋向于减少，或者在理想情况下，暂时消失或推迟。

10.这与接受、承认、被动地被经验诱惑或强暴、信任它、任由它发生、没有意图、不干涉、顺从是相同的。

11.所有这些加在一起，就把我们最为之自豪的理性，我们的话语，我们的分析，我们解剖、分类、定义、逻辑推论的能力都放在一边了，所有这些过程都被推迟了。这些过程入侵的程度代表着经验不足的程度，这种体验更接近弗洛伊德的初级过程，而不是他的次级过程。从这个意义上说，它是非理性的——尽管它绝不是反理性的[①]。

[①] "头脑风暴"技术就是一个简单的例子，它展示了理性与经验的融合，在所有疯狂和狂野的想法被允许出现之后，批评被推迟到第二阶段。精神分析学的基本原则是非常相似的。病人被教导不要选择或编辑他的自由联想，因为它们会进入意识和言语之中。当他们大声地说出来之后，他们就可以被检查、讨论、批评。这是一个例子，说明"体验"是一种认识工具，用来发现其他方法无法发现的部分真相。

主观上主动或被动的人

将传统科学应用于心理学的一个问题是，它所知道的最佳方法就是把人当作客体来研究，而我们需要的是能够把人作为主体来研究。

作为一个被动的旁观者，我们自己的主观过程就像电影中的旁观者，在我们身上发生的事情，不是我们造成的。我们不愿意发生这样的事，我们只能观察。

作为一个主动者，感觉是完全不同的。我们参与其中，我们在尝试，我们在争取，我们付出了努力直到筋疲力尽；我们可能会成功，可能会失败，有时感觉到强大，有时感觉到弱小，例如，当我们试图回忆、理解、解决问题，有意回忆起一个形象时，就会是这样。这些是自愿的、负责任的、作为原动力的、有能力的、掌控自己的、自决的，而不是他决的、他因的、无助的、依赖的、被动的、软弱的、无力的、专横的、命令的或被操纵的意识活动经验。很明显，有些人不知道有这样的经历，或者他们对此只有很少的经验，尽管我相信有可能通过教育使一个普通人意识到这种经历。

不管困难与否，我们都必须做到。否则，我们将无法理解各种各样的概念，即个体化、真实自我、自我实现和同一性。再者，我们将永远无法在意志、自发性、充分发挥作用、责任感、自尊和自信的现象上取得任何进展。归根结底，这种对人作为积极主体的强调使人作为一个发起者、创造者、行动中心的形象成为可能，成为一个做事的人，而不是一个被做事的人。

各种行为主义似乎都在无情地塑造一个无助的人的被动形象，一个（或者在这里我应该用物主代词"它"？）不能决定自身命运的人。也许正是这种终极哲学才使得如此多的人根本无法接受这样的心理学，因为他们忽视了如此丰富和不可否认的经验。在这里，我要指出一种不恰当的比喻，即常识与科学知识往往是对立的，例如，太阳绕着地球转的说法已被科学所推翻，这不是有效的类比。作为一个活跃的主体，我最重要的经验是——取决于客观主义的全面性——要么被完全否定，要么被转化为刺激和反应，要么被简单地认为是"不科学的"，即被排除在受人尊敬的科学范围之外。有效的类比应该是否定太阳的存在，或者坚持它确实是别的东西，抑或否定它可以作为研究的对象。

如果信奉实证主义和行为主义的人不是过于笼统、过于教条主义、过于一元论、过于绝对，那么所有这些错误都是可以避免的。我毫不怀疑，客观的、可测量的、可记录的、可重复的运动或反应往往比主观观察更可靠、更可信。我也不怀疑其作为一种策略，朝这个方向发展是好的，任何人都有权做出这样的选择。今天，我们只能把焦虑、抑郁或快乐作为个人经验和口头报告来研究，因为我们现在还没有更好的办法。若是有一天，当我们发现了一个外部的、公开的、可观察的、可测量的、与焦虑或幸福相关的东西，就像温度计或气压计一样，那一天就是心理学的新纪元。我认为这不仅是可取的也是有可能的，我也曾朝这个方向努力。这相当于把论据按等级划分，按可靠性的高低来排列，形成一种知识层次结构，这种知识层次结构与"科学发展的阶段或水平"概念相类似[1]。

这种方法与以问题为中心的导向和经验心理学、自我心理学等相协调，可以说，它是一种开放的政策而不是科学上的排斥政策，是一种宽容的多元主义而不是唯一"真经"。任何问题、异议都可以提出来。一旦这个问题被提出，你就要尽其所能地去找到这个特定问题的答案、解决方案，不允许自己被任何概念或方法论的虔诚所阻碍，这些虔诚可能会限制你智慧的发挥、能力的表现。在这时，我们几乎可以说，没有任何规则，至少没有任何先验的约束。方法必须根据需要创建，任何可能有用或必要的启发式定义和概念框架也应如此，唯一的要求是在当时和一定的条件下尽最大努力解决问题[2]。当然，我不愿意就如何解决未来的所有问题给出指

---

[1] 有人无意中以一种有趣的方式谈到某本书，说这本书是"对妇女性行为这一鲜为人知的难题的直率、勇敢和高度严谨的研究"。我们是否可以更清楚地知道"已知"这个词在这里是用一种特殊的意义，一种被选择但并不是唯一可能的选择的意义？在经验意义上，很难想到比女性性行为更为人所知的事情。有没有什么现象能引起更多的好奇、猜测、理论化、细致而充满爱心的调查和个人关注？在个人体验发生之前，任何口头描述都有用吗？然而，同样的例子将很好地证明，经验知识不仅优于抽象知识，而且仅仅只有经验知识是多么有限。如果这句话是指共享的、公开的、结构化的、有组织的知识，那么它是正确的。事实上，关于女性性行为的"发达的科学知识"很少，尽管很容易做到。

[2] "科学的方法，就其本身而言，只不过是用心尽力而为，没有任何阻碍"（珀西·布里奇曼）。

导，我也不会对那些教条主义的科学家表达敬意。

我的意思也不是说，一个科学家不可以选择有限的目标和抱负的传统科学，只要他愿意，没什么不可以的。有些人不喜欢在薄冰上滑冰。为什么他们不能随心所欲呢？如果所有的科学家都喜欢同样的问题、同样的方法、同样的哲学，这将是对科学的打击，就像如果每个人都喜欢演奏双簧管，这将是对管弦乐队的致命打击一样。显然，科学是一种合作，一种分工，没有一个人可以对整个过程负责，他也不可能做到这一步。相反，这是一种倾向，即对这些个人偏好保持虔诚和形而上学的态度，并将这些偏好提升为人人都适用的规则。正是这种对知识、真理和人性的涤荡一切的哲学思想的坚持造成了麻烦。这个问题很难说清楚，很久以前，正如我和一个只吃巴西坚果和卷心菜的女人争论时发现的那样，这一切辩论都毫无用处，因为她只是断定我对坚果和卷心菜有偏见。或者，为说明同样的问题，我们也可以体会一位男人的困惑，他的母亲为他选了两条领带作为生日礼物，他系上其中一条为了让她开心，可是他的母亲却问道："你为什么讨厌另一条领带？"

从辛那侬学到的教训

归纳知识永远不能带来确定性，它只能产生更高的主观和客观概率。但在现实意义上，经验知识是确定的，甚至可能是唯一的确定性，正如许多哲学家所想的那样（暂时忽略了数学确定性问题）。无论如何，它对于心理治疗专家来说都是真实的且确定无疑的。

当然，这种说法是有争议的，很大程度上要参考特定词语的特定定义。我们没有必要在这里讨论这些争论，应该传达这些词语所指的一些操作意义，因为它们对大多数临床心理学家、精神病医生、治疗师和人格学家来说是无可争辩的。如果弄清楚这些意义，这将增进人格科学家与非人格科学家之间的理解。

辛那侬、戒酒者协会、"街头工人"和其他类似组织的运作模式可以为我们提供极好的例子。这些亚文化的工作原理是：只有（治愈的）吸毒者或酗酒者才能完全理解、交流、帮助和治愈另一个吸毒者或酗酒者。只有真正了解的人才被瘾君子接受。瘾君子只接受瘾君子了解他们。此外，只有上瘾的人才会热衷于治疗上瘾的人①。没有人会那么爱他们，也没有人足够了解他们。正如他们自己所说，"只有在同一个磨坊里工作过的人才能真正知道其中的一切"。

分享经验和从内在了解经验的一个主要后果是治愈的信心和技术的提高，这是对知识的终极考验之一，也就是说，有能力在没有恐惧、没有内疚、没有冲突或矛盾的情况下造成有益的痛苦。我曾在另一篇文章中指出，对应该性和需要性的感知是对知识的真实性和确定性的一种内在结果，而果断的态度和确切的行动，则是一种苏格拉底式的"应该感知"的结果。（苏格拉底告诉我们，终极邪恶的行为只能源于无知。在此提出，善行需要一个先决条件，即良好的知识，它也许是良好知识的必然结果。）事实表明——对知识的某些确定性只能来自经验——有效的、成功的、胜任的、果断的、严厉的、强有力的、明确的行动来自对知识的确信。

正是这种行为——也许只有这种行为能帮助瘾君子，因为他们的生活方式常常依赖于"愚弄"他人、依靠虚假的眼泪和承诺、引诱和讨好，用假面愚弄人们，因此对他们感到蔑视。只有其他的瘾君子，他们深谙内里，才不会被愚弄。我曾经看到过他们轻蔑地、残忍地撕毁这个虚假的面

---

① 所有的治疗都是自我治疗吗？他们想继续治疗自己吗？他们需要吗？这是一种给予自己爱和宽恕的方式吗？拥抱自己的过去并将其同化，将其转化为美好的事物？这难道不意味着在这种范式的帮助下，其他的帮助活动，如心理治疗、教育、为人父母，可能会以一种新的视角出现吗？而这种可能性是否反过来暗示了一个伟大的问题："任何个人和人际之间在多大程度上是通过认同来认识的，即自我认识？这样的观点有多大用处？"

具，还有迄今为止被人们接受的谎言和承诺、成功的防御，以及行之有效的诈骗手段。

我曾见过亲身经历过的人笑着流泪，对没有经历过的人们来说是那么的令人感触和辛酸，但他们很快就暴露出虚假的、令人毛骨悚然的、狡诈的一面。迄今为止，这是唯一可行的方法。这种表面上的严厉是"需要"的。因此，它在根本上是有同情心的，而不是施虐的。这种爱远比缺乏严肃更为真挚，严肃被错误地贴上了"爱"的标签，这种感情会让人上瘾，并且"支持他的习惯"，而不是让他变得足够强大才可以离开。

在这一亚社会中，对社会工作者、精神病学家和其他"专家"的轻视是很深的。人们完全不信任、憎恨，有时甚至害怕那些"死抠"书本知识和有学位的人以及那些有证件证明是有知识的但实际上一无所知的人。这本身可能是有助于维持这个"世界"的强大动力因素。

在这个领域中，旁观者知识与经验知识明显不同，前者显然要差得多。由于这种差异产生了影响，因而这种差异已被证明是真实的。

如果我能从这段经历中吸取一个教训，那么我想提醒大家注意精神病问题。就我所知，辛那侬式的治疗可以治愈许多瘾君子，而我们的整个医疗机构（包括医院、医生、警察、监狱、精神病学家和社会工作者）实际上没有治愈任何人。但是，这种效率低下，甚至比无用更糟糕的组织机构得到了整个社会的全面支持，并且消耗了大量的金钱，但这些钱并没有用于治疗病人。而我作为一个外行者却看到那种有效的办法几乎得不到任何金钱援助，也没有政府的支持，事实上，它被所有的行业、政府、基金会所忽视或反对。原因很明显，以前的吸毒者通常没有学位，没有得到过专业训练，因此他们在传统社会中没有"身份"和"地位"。因此，尽管他们是唯一有效的治疗师，但他们也无法得到工作、金钱或支持①。

在世俗的世界里，实际的成功似乎无法替代"正规专业或科学训练"，尽管后者可能是无实效的。

"治疗学"的六个学分的及格证书比实际治疗经验更有分量，就像在某些地方，两年的理论教学也不能满足课程实践教学的要求。我可以列举几十个这样的例子：表征和实绩、地图和领土、勋章和英雄、学位和博学等语义之间的混淆。在普通语义学②文献中记载了大量这样的混淆现象。正如特雷诺所指出的那样，在婚姻课程中获得A级是多么容易，但实现一个美满的婚姻是多么困难。

在科学领域中，也有许多这样的情况，即经验知识在很大程度上是重要的，甚至是必要的，而旁观者知识只能在经验知识的基础上才能发挥有益的作用，绝不可能替代经验知识。

我们在辛那侬的故事中所探讨的是官僚科学的终极荒谬，在这种科学

---

① 有很多这样的情况。吸毒和酗酒是两个比较有名的例子。但也有人发现，在许多情况下，黑人最好与黑人打交道，印第安人最好与印第安人打交道，犹太人最好与犹太人打交道，天主教徒最好与天主教徒打交道。这种普遍性可以追溯到更远，尽管有时在这个过程中会越来越淡化，例如，女人和女人，孤儿和孤儿，大脑麻痹者和大脑麻痹者，同性恋者和同性恋者，等等。
② 普通语义学是现代西方哲学中以日常语言的作用作为研究对象的一个哲学派别，形成于20世纪30年代的美国。创始人为柯日布斯基，早川一荣也是此理论的支持者，他们强调有对象的词语即有外延的词语，才是可信可用的。他们把人类所处的世界分为实物世界和语言世界，宣称研究普通语义学的目的在于增进人们的相互了解，从而做到协同合作、消除纷争。但它夸大语言的作用，视之为社会生活中的决定力量。同时，它否定科学抽象，贬低理性认识，深深陷于狭隘经验主义之中。

中，某些部分真理可能会被定义为"不科学的"，在这种情况下，只有经过认证和统一的"真理收集者"按照传统的神圣化的方法或仪式收集真理，真理才是真实的①。

---

① 外交官、博士、医学博士、专业人士是唯一被允许成为智者的人吗？知识渊博？有洞察力？发现？治愈？在一个人被允许进入圣所之前，一定要有主教的允许吗？拥有大学学位作为许多工作的先决条件，而不是寻求实际的教育、知识、技能、能力和适合这份工作，这真的是明智和有效的吗？教室真的是唯一受教育的地方还是最好的地方？所有的知识都能用语言表达吗？都能写进书里吗？参加讲座课程？它总是可以通过笔试来衡量吗？任何母亲都必须服从任何儿童心理学家吗？牧师负责所有的宗教经历吗？在写诗之前，必须先修"创意写作入门""中级创意写作"和"高级创意写作"课程吗？一个由专业的、经过认证的室内装修师挑选的客厅会比自己的选择让我感到更快乐吗？这些问题故意推到了极致。只有我们对官僚化、政治组织和教会的危险保持警惕和怀疑，我们才能清醒地认识到它们的必要性。只有我们记住一个技术专家是多么容易成为手段专家，且忘记目的，我们才能很好地利用他，避免"专家统治"的危险。有人把科技定义为"安排世界的诀窍，使我们不必经历它"。

知识的盲目性

我们可以从另一个角度来看待这些问题，我可以用马斯洛艺术测试来说明这一点，它是我和我的妻子为了测试整体感知和直觉，根据艺术家风格的能力而制订的。我们的一个发现是："艺术知识"，如艺术专业生、专业艺术工作者等，在这项测试中有时会有利于测试成绩，有时又不利于测试成绩。更好的理解"风格"的方法不是分析或剖析它，而是接受、整体领会。例如，到目前为止，有一些证据表明，快速反应比长期、细致的研究更容易成功。

"经验的先天性"——我称之为对整体性特质的整体感知的先决条件，我将其定义为一种意愿和一种能力，而无须某些其他"认知"方式。它意味着我们抛开所有的常规化，不以认识取代感知，不把整体对象分解成元素，不分裂开来研究。毕竟，整体性的特质是一种渗透到整体的东西，分解就代表着失去。

因此，那些仅仅在分析学、原子论、分类学或历史意义上"了解"艺术的人就不太能够感知和享受。我们必须承认，仅仅是分析型的教育实际上会削弱原有的直觉。（传统的数学"教育"或许是一个很好的例子，它在教导孩子们对数学的美丽和奇迹视而不见的方面更为成功。）在每一个知识领域，都存在着这样的"盲目认知者"：对花的美视而不见的植物学家，让孩子们感到恐惧的儿童心理学家，讨厌把书拿出来的图书管理员，屈尊于诗人的文学评论家，为了一个学生而毁了整个班级的老师等。有些哲学博士是"有执照的傻瓜"，还有那些郁郁寡欢的毫无真才实学的学者，他们发表论文只是为了避免默默无闻。有一次，一个女孩在聚会上和另一个女孩低声议论说："他没有乐趣，除了他的论据他什么都不知道。"

一些艺术家，一些诗人，一些严重依赖情感、直觉和冲动的"歇斯底里"的人，一些宗教人士，更多的神秘的人往往会就此止步。然后，他们可能会排斥知识、教育、科学和智力，认为它们破坏了本能、先天直觉、自然虔诚和纯真的洞察力。我认为这种反知识分子的怀疑比我们意识到的要多得多，即使在知识分子中也是如此。例如，我认为这是我们文化中男女之间更深层次的误解的来源之一。最近的历史也表明，传统教育是如何爆发为可怕的政治哲学的。

传统的、分析的、机械论的科学没有真正好的方法来抵御这些指控，因为其中部分的真理和正义是存在的。但没有更广泛的科学概念可以解决这些问题，这样的科学包括了个体的、经验的、道家的、综合的、整体论的、自我的、超越的、终极的知识在内。

我们的艺术测试可以作为一个实例。假设更严格的研究将证实我们强烈的第一印象，那么似乎也确实有其他人——他们的敏锐性、直觉和感知风格的能力通过教育和知识得到了提高和拓展，他们能够带来普遍的、抽象的、合法的言语知识，来影响他们对个人情境的体验。他们的知识帮助他们感知，并使他们的感知更丰富、更复杂、更愉快。在极端情况下，它甚至可以增强现实、神圣、神秘、神奇、令人敬畏、终极的超越方面。即使是神圣感，许多人都认为它只伴随着质朴和纯真一起出现，但我们现在发现，它可能更具复杂性和知识性，至少与我所说的那种更具包容性的知识有关。（这种观察、假设或猜测是我对自我实现者和心理治疗效果的研究的一种推论，而不是从艺术测试中得出的结果。）

正是这些人，这些圣人，他们身上的智慧、善良、聪明才智和博学组成了一个统一体，他们设法保持了这种"经验的先天性"，这种"创造性的态度"，这种能够像孩子一样新鲜地看待事物的能力，没有先验的期望或要求，也不知道之后他们会看到什么。我曾试图理解这是如何发生的以及为什么会发生，但是这种将抽象知识转化为丰富体验的能力仍然是一个谜，因此很明显这是一个值得研究的问题。更广泛的研究问题是：知识何时隐藏，何时显现？

经验的"证明"

在经验领域中,"证明"这个词意味着什么呢?我怎样才能向某人证明我是真实的体验者?例如,我怎样证明我被深深地感动了?在通常的外部意义上,这是如何被"验证"的呢?当然,如果我真正地经历了它,它对我来说就是真实的。但如何向其他人证明这一点呢?是否有一些我们可以同时指向的外部共享事物?那又如何描述它,如何交流它,如何测量它?

这里有特殊的困难,许多人认为经验是无法表达的、不可交流的、不可描述的,是科学家无法处理的。但这些困难往往是抽象世界,而非经验世界的产物。某种程度的交流是可能实现的,但它们不同于化学家之间存在的交流("狂想曲沟通")。抽象的、口头的、明确的交流在某些方面可能不如隐喻的、诗意的、美学的、初级过程的技巧有效。

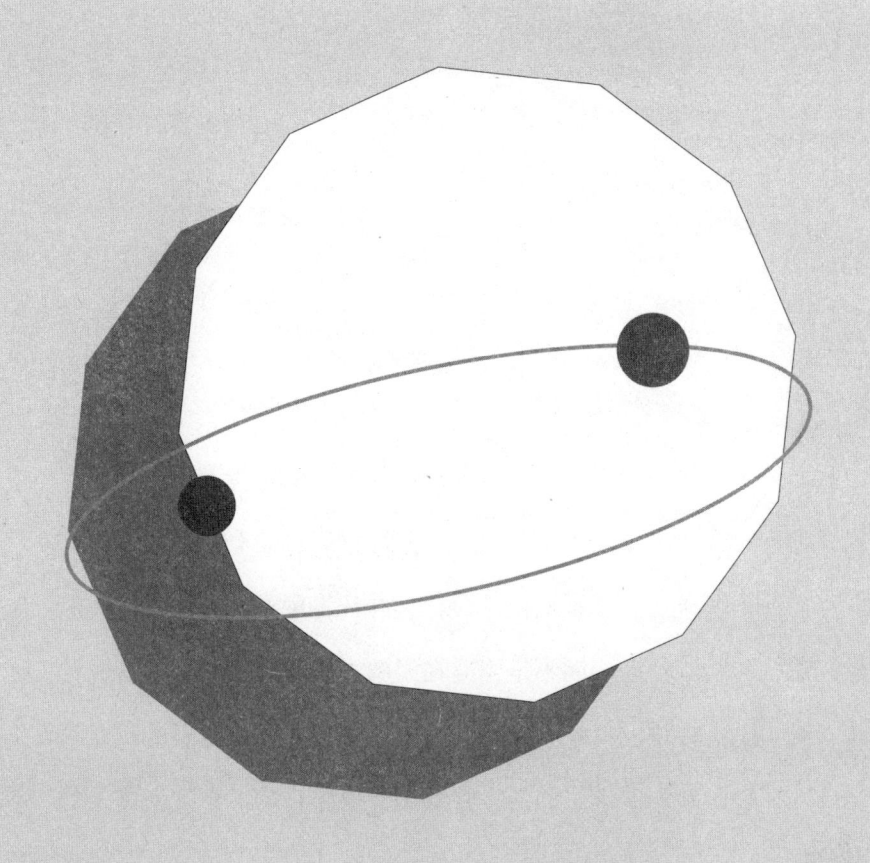

第七章

Chapter seven

抽象与理论

以上我已经阐述了经验知识对抽象知识的价值、必要性和优先性，现在我要换个方向，探讨抽象知识的价值、优点和必要性。到目前为止，我的总体观点已经很明确了。正是这种二分化，纯粹抽象的知识才是如此危险，抽象和系统与经验对应，而不是建立在经验之上并与经验相结合的抽象和系统。我可以这样说，从经验知识中分出的抽象知识是虚假的和危险的，但是建立在经验知识基础上并与经验知识分层整合的抽象知识是人类生活所必需的。

抽象性从经验的顺序、解释以及经验知识的等级和层次安排开始，这些安排使有限的人类能够包容、把握经验知识，而不是被经验知识所压倒。正如我们对于不同物体的短时记忆的跨度一样，我们也可能在一次直接的知觉中被感知。这是我能想到的对许多对象进行整体安排最简单的例子了。使这些群体越来越具有包容性，即便一个人是有限的，他仍然有可能以统一的观念来包容整个世界。与之形成对比的是完全无政府、完全混乱、完全缺乏秩序的状态，或集群，或所有这些独立事物之间的混乱关系。从某些方面来看，这也许是新生婴儿所面对的世界，或者是恐慌性精神分裂症患者所面临的世界。

无论如何，我们几乎不可能忍受这样的生活（尽管这段时间很短）。更真实的是，如果我们考虑到现实生活在这个世界中的必要性，考虑到生存，同世界打交道，进行贸易往来，那么这一点就更加正确。一切手段和目的关系，以及对目的和手段的差异感知，都可以归入抽象的范畴。

纯粹的具体经验不会以任何方式将一种经验与另一种经验区分开来，当然也不会以相对重要性或手段和目的的相对层次来区分。我们对现实经验的所有分类都是抽象的，对相似和不同的认识也都是抽象的。

换句话说，抽象对于生命本身是绝对必要的，它也是人类本性最充分和最高发展的必要条件。自我实现必然意味着抽象。如果没有符号、抽象概念和文字的完整系统，即语言、哲学、世界观，人类就根本无法设想自我实现。

对抽象性的攻击，从具体性中分为两类，绝不能与对抽象性的攻击混淆，抽象性是与具体性和经验知识结合在一起的。我们可以在此想到当代哲学的状况。克尔凯郭尔和尼采是两个主要的例子，他们攻击的不是一般的哲学，而是伟大的抽象的哲学体系，他们早就把自己从实际生活经验的基础上分离了。存在主义和现象学在很大程度上也否定了这些庞大的、口头的、先验的、抽象的、全面的哲学体系。这是一种试图回到生活本身的尝试，如果这些抽象要保持活跃，那么他们就要回到具体的经验中，将所有的抽象都必须建立在这些经验的基础上。

这将有助于区分经验概括或理论与先验概括或理论。前者只是一种组织和统一经验知识的努力，以便我们能用有限的人脑来掌握它。先验理论没有这样的尝试，它可以完全在一个人的头脑内部进行编制，并且可以在不参考经验知识或无知领域的情况下继续发展。一般来说，它是确定的。实际上，它犯了否认人类无知的大罪。

真正的经验主义者或具有经验思维的外行总是能意识到他知道和不知道的东西，以及他知道的东西的相对可靠性和不同程度的有效性。经验理论在实际意义上是谦虚的。传统的、抽象的、先验的理论不需要谦虚，它常常是傲慢的。也可以说，抽象理论或抽象系统在功能上是自主的，即从其经验基础中脱离自身，从其赖以存在的经验中脱离自身，脱离了它应该赋予意义或组织起来的经验。从那以后，它继续发展，作为一种理论本身，自给自足，有自己的生命力。相反，经验理论或经验系统与经验事实保持联系，经验事实组成一个可管理的、可理解的统一体，并与这些事实密切联系。因此，随着新的信息的出现，它可以转化和改变，并很容易地进行自我修正。如果说它是为了解释和组织我们对现实的认识，那么它必然是一个变化的东西，因为我们对现实的认识在不断变化，它必须灵活地适应这个改变和增长知识的基础。理论与事实之间存在着一种相互的反馈，这种反馈功能是抽象的，是系统自身所缺乏的。

为了对这种区别进一步阐释，我引用了之前的一个论据，即科特·戈德斯坦描述的还原到具体和我描述的还原到抽象。然后，我将把这两个结果与自我实现的发现进行对比，发现他们的特点是既能变得具体又能变得抽象。

我可以把整个事情推得更进一步。从某种意义上说，我把对前驱力和经验的逻辑优先权的接受看作经验主义精神本身的另一种表达形式。科学的起源之一，也是它发展的根源之一，是决定不以信仰、信任、逻辑或权威为基础，而是靠自己去检查和观察。经验表明，逻辑、先验的确定性或亚里士多德的权威实际上是根本不起作用的。这个教训很容易吸取。首先，在其他一切事物出现之前，先要用眼睛看到大自然，也就是说，要亲自去体验它。

也许有一个更好的例子可以证明，那就是儿童的经验或科学态度的发展。这里的主要禁令是"让我们自己看看"或者"亲眼去看看"。对于孩子来说，这与依据信念来看问题是对立的，无论这一信念是来自爸爸、妈妈、老师还是书上。它可以用最严厉的说法表示："不要相信任何人，要用眼睛亲自去看。"或者可以温和地说："检查一下才保险，这总是一个好主意。在感知上存在个体差异；其他人可能以某种方式看待它，而你可能会以另一种方式看待它。"这是为了告诉孩子，自己的看法通常影响最后的判断。假如经验主义的态度有什么意义，那么它至少可以归结于此。首先是经验意义上的"认识"；然后是对感觉和经验知识谬误的检验；最后是抽象、理论，即传统科学。事实上，客观性的概念本身（需要将知识公之于众，分享知识，而不要完全信赖于它，直到它至少被部分人接受）可能被视为一个更复杂的衍生物，即通过自己的经验来核实。这是因为公共知识构成了一些人对你的私人经验报告的检验。

如果你走进沙漠，发现了一些意想不到的矿藏或珍奇的动物，你的经验知识可能确实是有效的，但你很难指望别人完全相信你，很难指望别人仅凭对你的信念相信你。他们也有权亲眼看到，即获得他们自己的经验知识的最终检验。这正是客观公开核实的意义，也就是"自己看"

的延伸。

这种坚持经验理论优先于先验理论或先验系统的观点，以及坚持经验理论与事实紧密联系的观点，二者将具有经验论态度的人和教条主义者做出了区分。例如，马克斯·伊斯特曼在他的自传中，将自己与苏联知识分子相比，认为自己是一个"应该被检验的实验的普通经验主义者，他与苏联的理论家在一起感到很不安"。也就是说，是基于最初的先知对完美和绝对真理的看法而建立起来的，那么显然这就没有什么可学的了。不需要开放，不需要检查，不需要实验，甚至不需要改进（因为它已经是完美的了）。

这与我所发现的经验态度形成了鲜明的对比。但它以一种较温和的形式广泛存在，也许我们可以说，几乎普遍存在于人类大众之中。我甚至不打算把各专业科学家排除在这一指控之外。

经验态度本质上是一种谦虚的态度，许多或大多数科学家除在他们自己选择的专业领域工作外，并不谦虚。当他们走出实验室大门的时候，可能会带着各种先验的信仰和偏见，即使只是关于科学本身的性质。我认为这种谦逊是经验或科学态度的一个决定性特征，包括承认自己的无知，以及人类对许多事情都是无知的能力。这样会导致的必然结果是，使你在原则上愿意和渴望学习。这意味着你对新数据是开放的，而不是封闭的。这意味着你可以天真好奇，而不是无所不能。当然，所有这些都意味着你的世界在继续稳步增长，与那些已经知道一切的人的静态世界形成对比。

这与我的观点相去甚远，也就是说，我坚持要为经验科学在知识和科学中找到一席之地，还有很长的路要走。但我相信，为经验理论做出一份努力，最终会强化经验态度，从而加强科学，而不是削弱科学。它扩大了科学的管辖范围，因为它相信人类的思想不需要被排除在生活的任何领域之外。

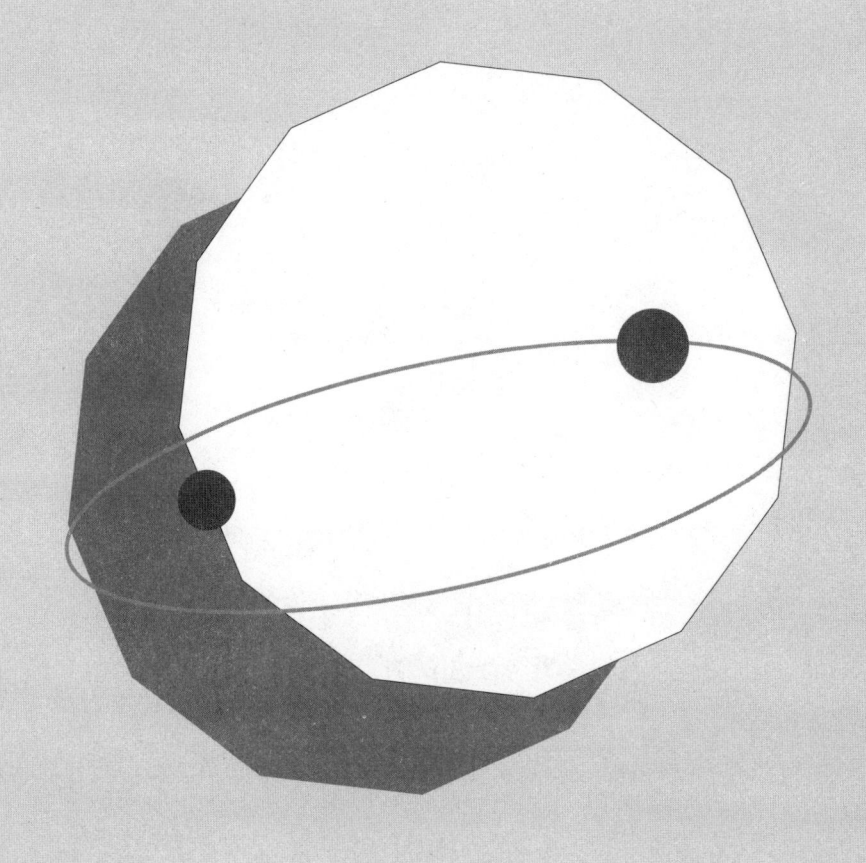

第八章
Chapter eight

综合科学与
单一科学

科学家在现实世界中包含的主观经验是可以被认知的（对我们来说，现在的定义是想要了解所有的现实，不仅仅是共享的、公共的部分），至少会产生两种结果。一种是经验知识的直接性与我所说的"旁观者知识"之间的明显区别。另一种是科学工作有两个方向或目标：完全的简单和浓缩；全面和包容。

在我看来，如果科学有什么基本原则，那就是接受承认和描述所有的现实，所有存在的东西，所有事情的义务。首先，科学必须是全面的和包容的。它必须在其管辖范围内接受它不能理解或解释的，没有理论支持的，不能测量、预测、控制或命令的。它必须接受不合逻辑和神秘、模糊、古老、无意识，以及所有其他难以沟通的存在，甚至还有矛盾。在最好的情况下，它是完全开放的，没有"入场要求"，不排斥任何东西。此外，它包括所有层次或阶段的知识，包括早期知识。知识也有胚胎学；它不能仅仅局限于最后的成熟形式。低可靠性的知识也是知识的一部分。然而，在这一点上，我的主要意图是在这个包容的领域纳入主观经验，然后再追求一些激进的结果。

这样的知识当然容易变得不那么可靠，不那么容易交流，不那么容易衡量等。当然，科学的一个推动力是向更公开、更"客观"的方向发展。在这个方向上存在着我们都在寻求和享受的共同的确定性。通常这是技术进步最有可能追求的方向。如果我能发现一些外在的指标，例如，幸福或焦虑经过一些主观的石蕊试纸测试，判断我将是一个非常幸福的人。但是，即使没有这些客观的测试，幸福和焦虑仍然存在。我认为否认这种存在是愚蠢的，所以我不愿为此争论。任何说我的情感或欲望不存在的人，实际上就是在说我不存在。

　　如果经验数据被认为是知识的一部分，也就是科学的一部分（综合定义），那么我们就面临许多实际的问题、困难和悖论。首先，我们必须从哲学和科学的角度出发，从经验出发。对我们每个人来说，正是他的一些主观经验是所有数据中最确定、最无疑问、最不值得怀疑的。尤其如果我是精神分裂症患者，那么，我的主观经验可能成为唯一可靠的现实。但是，精神分裂症患者不满足于自己的主观世界，而是不顾一切地努力接触外部世界的现实，并紧紧抓住外部世界。我们也都寻求了解并生活在"现实"超自然世界中，几乎从出生开始。我们需要了解"知道"这个词所有层面上的意义。心灵内部的世界，在很大程度上有很大的波动，变化多样。它不会停留在原地。我们常常不知道该期待什么，它显然受到外部世界的影响。

　　不仅是大自然的世界，人类的社会世界也在召唤我们走出自己的内心世界。从一开始，我们就依附于母亲，就像她依附于我们一样，这里也开始形成一种超越自我的现实。通过这种方式，我们开始区分我们与他人分享的主观经验，我们发现自己是独一无二的。正是因为这个世界与我们共同的经历相关联，我们才最终把它称为外部世界。一个充满意外事情的世界，这在你我身上同时产生了相似的体验。在各种意义上，人们发现这个外部世界是独立于我们的愿望和恐惧以及我们对它的关注的。

总的来说，科学或知识可以被认为是这些共同经验的编纂、净化、结构和组织。这是一种使我们能够掌握它们，并通过统一和简化使它们易于理解的方法。这种一元论的趋势，这种追求简单和节俭的压力，这种渴望从许多小事物中创造出一个单一的包容性的公式，已经被科学和知识所认同。

对于大多数人来说，科学的长远目标、科学的目的以及科学的理想和本质，仍然是科学的综合"定律"，优雅而"简单"的数学公式，纯粹而抽象的概念和模型，不可简化的元素和变量。对这些人来说，这些最终的抽象变成了最真实的现实。现实隐藏在表象的背后，是被推断而不是被感知的。蓝图比房子更真实，地图比领土更真实。

我在这里想说的是，这只是科学发展的一个方向，也是科学渴望达到的一个极限。另一个方向是走向全面性、综合性，接受一切具体的经验，一切丰富的审美品位，不需要抽象。我同样会避免还原为具体或抽象[①]。我要再次提醒你，任何抽象都失去了一些具体的、经验性的现实。我同样

---

① "科学应该坚决反对任何限制范围，或任意缩小其自身追求知识的方法或视角的行为。"虽然行为主义的贡献很有价值，但我相信，时间将表明它往往强加的界限会带来不好的影响。把自己局限于对外部可观察到的行为考虑，排除对整个宇宙的内在意义、目的、体验的内在流动的考虑，在我看来，似乎是闭上我们的眼睛在看人类世界时所面对的巨大领域。

"相反，我所说的趋势将试图正视心理领域的所有现实。它不是限制和抑制，而是将人类体验的全部范围开放给科学研究"。

要强调的是，如果我们想要避免完全的疯狂，如果我们想要生活在这个世界上，抽象是必要的。我解决的这个难题对我来说很有好处，它能够知道什么时候我在抽象化，什么时候我在具体化，或者能够两者兼顾，享受两者，并且知道两者的价值和缺点。有了怀特海的理论，我们就可以"寻求简单而不相信它"。接受经验数据作为科学数据会产生问题，但如果我们同时接受这两个世界，那许多问题就会消失。一方面，我们有传统的科学世界，统一和组织多元化的经验，走向简单、经济、简约、简洁和统一。另一方面，我们也接受世界的主观经验，确认它们也是存在的，它们是现实的一部分，它们值得我们感兴趣，甚至有一些理解和组织它们的可能性（这与科学的基本原则相差甚远——接受现实存在的东西，即使我们不能理解、不能解释、不能交流，也不要否认任何现实）。

因此，科学有两个方向或任务，不仅仅只有一个。它既走向了抽象性（统一性、简约性、经济性、简洁性、集成性、规律性、"可理解性"），也走向了全面性，走向了体验一切，走向了描述所有这些体验，走向了接受所有存在的东西。因此，我们可以谈谈许多人提到的两种现实，例如诺思罗普[①]。经验的世界存在并包含所有的经验，即经验世界、现象或美学经验的世界。另一方面，物理学家、数学家、化学家、抽象的"法律"和公式、假设的系统，这些都是没有直接经验世界，依赖于经

---

① 根据诺思罗普的各种著作，我们得到两种说法来描述这两种知识或现实。一方面，假设的概念：事物的理论成分，理论连续体，理论上、科学上的认识，理论上推断的事实。与之相对的是通过观察或直觉的概念：事物的审美成分，审美连续性，不可表达、纯粹的、短暂的直觉，经验性已知，印象性已知，直接理解，直接经验，纯事实，纯粹的经验，直接体验，纯粹的观察，直观享受的性质。

验世界，是从经验世界中推断出来的，并努力看到背后的矛盾、秩序和结构。

物理学家的抽象世界比现象学家的世界更"真实"吗？为什么我们要这么想？如果有什么不同，那么这种说法更容易辩护。现在存在的东西和我们实际经历的东西肯定比公式、符号、蓝图、文字、名称、图式、模型、方程等更直接、更真实。在同样的意义上，现在存在的东西比它的起源、性质、原因或前身更真实，它在经验上比任何可以简化的东西都更真实。至少我们必须拒绝现实的定义，因为它只是科学的抽象概念。

经验理论与抽象理论

这种从综合性到简单性的连续统一体，有助于我们更好地理解"经验理论"与"抽象理论"之间的重要区别。前者更多地表达了科学力求全面的努力（与此同时，它对多样性进行了组织和分类，以使有限的人类更容易理解它）。从本质上讲，经验理论对事实进行整理，而不是对事实的解释。

林奈星系就是一个典型的例子。在我看来，最初的弗洛伊德体系是另一个"经验主义理论"。它主要是一种分类系统，几乎可以说是一种档案系统，所有的临床发现都可以在其中找到一个位置。

抽象（或构造）系统更多地取决于它的系统特性，而不是它对事实的忠诚，就像经验主义理论那样。原则上，它与事实无关，它可以是任意的结构，例如，非欧几里得几何学。一个好的理论在这个意义上基本上就像一个优秀数学家的论证。它尽可能地简洁，在理想的情况下朝着一个方程式前进。它就像一个良好的逻辑系统，遵守自己的既定规则。它可能有用，也可能没用。这种"纯粹"的理论往往出现在事实之前，就像一套衣服，是为一些幻想的、不存在的物种设计的，后来可能会被用于一些其他不可预见的目的；或者像一种新合成的化学物质，人们可能会寻找并发现它的用途（"我发现了一种治疗方法，但是治疗什么疾病呢？"）。

一个好的经验主义理论可能是一个草率的抽象理论，自相矛盾、复杂、不连贯、有重叠的类别（而不是相互排斥的类别）、有不清楚和模棱两可的定义。它的首要任务是把所有的事实都包含在它的管辖范围内，即使这会导致草率行事。

一个好的抽象理论强调的是科学的简化和整理功能。

换言之，我们在这里看到的例证也体现在理论领域——使科学具有双重任务。一方面，它必须描述和接受"事物的存在方式"，即现实世界的本来面目，它是可理解的还是不可理解的，有意义的还是没有意义的，可解释的还是不可解释的，事实先于理论。另一方面，它也稳步地向简单、统一和高效的方向发展，朝着浓缩的、简洁的和抽象的公式前进，用以描述现实的本质，它的骨骼结构是它可以被简化的最终结果[1]。好的理论两者兼备，或者至少尝试兼备。或者更准确地说，优秀的理论家两者兼备，并从两种成功中获得满足，特别是如果两者可以同时出现。任何科学理论不仅具有作为"好理论"的系统特性，而且具有经验决定因素。也就是说，它不仅试图成为一个好的理论，而且试图成为一个真实的描述和组织。它忠实于现实的本质，并试图通过简化和抽象使其更易于理解。

如果任何科学理论的这种双重性质被完全接受，我们就不会再遇到

---

[1] 走向地图、图表、公式、图式、方程式、蓝图、抽象艺术、X射线、轮廓、缩聚、概要、符号、标志、草图、模型、骨架、计划、食谱。

像精神分析这样粗糙的经验主义理论的麻烦。弗洛伊德学说主要是对许多经验的描述，它并非一个"正式"或优雅的理论。但事实上，它不是"正式的"或"假设—演绎的"，这明显是次要的事实，它系统地描述了大量的临床经验。首先，人们应该问体验它有多准确、多真实，而不是它有多优雅、多抽象。我认为，大多数有资格的人，也就是有适当的经验和受过训练的人，都会同意弗洛伊德的临床描述大部分都是真实的，即他收集的"事实"在很大程度上是真实的。尽管他在建立宏大理论和构建"体系"方面所做的某些具体努力可能会引起争论，也可能会遭到拒绝，但情况确实如此。

因此，科学家的首要职责是描述事实。如果这些与一个"好系统"的要求相冲突，那么就取消这个系统，系统化和理论化是在事实之后进行的。为了避免反复思考一个事实，我们认为，科学家的首要任务是体验真正存在的东西。令人惊讶的是，这个真理经常会被人遗忘。

系统属性

通过认识"系统属性",即在理论的、抽象的思维结构中所固有的特性,只适用于科学思维的简化方向,可以避免科学世界中的许多困惑。它们不适用于全面经验的世界,在这个世界中,唯一的科学要求是接受存在的东西。经验是否有意义、是否有神秘感、是否符合逻辑还是自相矛盾,这些在经验的领域里都是无关紧要的,也不要求经验以任何方式与其他经验相关联。在这里,最终的理想是纯粹和完全集中的体验。任何其他的过程或活动只能从经验的完整真实性中偏离,因此构成了对这种真理知觉的干扰。

一个理论或抽象系统的理想模型是一个数学或逻辑系统,就像欧几里得的几何原理更适合我们的目的,或者是罗巴切夫斯基的几何学或其他非欧几里得几何学,因为它们更独立于现实,即非系统决定。在这里,除了真理性、现实性或真实性,我们可以谈论一个理论是一个"好"的理论,因为它是内在一致的,它涵盖一切,它是简约的、经济的、浓缩的和"优雅的"。它越抽象,理论就越好。这个理论的每个变量或可分变量都有一个名称，它是唯一的，其他的都不是这个名称。此外，它是可定义的。人们可以准确地说出它是什么或不是什么。它的完美在于把系统中所有的东西都包含到一个数学公式中。每个语句、公式或方程都有单独的含义，不能有其他的含义（不像一个比喻或一幅画），它向每个旁观者传达的都是相同的意思。好的理论显然是泛化的。也就是说，它是一种分类、组织、构造、简化大量独立实例的方法，甚至是无限个实例。它不是指任何一种经验或任何一种事物，而是指一个类别或种类的事物或经验。

这本身就是一场游戏，经常被用作与现实毫无关系的一种智力练习。一个人可以创造一个理论来涵盖某一类物体、事件或一些想象的世界，从完全任意的定义开始，到完全任意的操作，然后再玩一场游戏，从中产生推论。正是在这种体系中，我们许多"科学的"词汇和概念才属于"定义"，特别是"精确的或严格的定义"，是属于抽象的世界，即它是一个系统属性。它与经验完全无关，就是不适用。发红或疼痛的体验是它自己的定义，也就是它自己的感觉或性质。它就是它。所以，任何分类的过程都是一种超越经验的参考。事实上，这适用于任何抽象的过程都是正确的，从定义上说抽象的过程就是对某种体验的切割，参与其中，然后把其他的丢掉。相比之下，充分地享受一次体验是不会丢弃任何东西，而是吸收一切。

因此，对于"法律"和"秩序"这两个概念来说，它们也是系统的属性，同样也是"预测"和"控制"，任何"还原"都是在理论体系内发生的。

经验和润色

我的妻子是一位艺术家,在很久以前,我从她那里得知,她对我的一些强迫性的分类方式感到愤怒。例如,我总是用一种对话式的语气问我所欣赏的鸟、花或树的名字。这就好像我不满足于欣赏和享受,必须做一些理智的事情,而且常常是"理智的东西"代替或完全取代了"事物本来的样子"的饮酒和沉思的享受。这种分类的过程代替了真正的感知和体验,我称之为"病态化",这意味着病态的"正常"或"健康"的努力来组织和统一一个真正有经验的世界。

读者也许能从我的错误中获益。我有时也会看到自己在画廊里"润色",首先看到的是名牌,而不是画,其次不是真正地感知,而是分类,例如,"哦,是的!雷诺阿,很典型,没有什么不寻常或惊人的,很容易辨认,没有什么可以吸引注意力,不需要研究它(因为我已经'知道'了),这里没有新奇的东西,接下来呢?"当我第一次看到那幅美丽的图画时——真的很好看,也很喜欢——我吃惊地发现这是盖恩斯伯勒的作品——是一个不出名的人描绘的作品!我想如果我第一次看到这个名字,我可能不会看这幅画，因为我脑海里的先验分类和归档系统已经自动判定盖恩斯伯勒没有给我带来快乐，不值得一看。

我还在一种记忆犹新的启发中认识到，知更鸟或蓝鸟是最美丽、最神奇的动物，就像所有的鸟类一样。即使是普通的鸟也一样美丽，是珍稀鸟类。共性的判断是在经验本身之外的，与它自身的性质无关。这样的判断可能是一种无视经验的方式，不去注意它的方式。也就是说，这可能是一种蒙蔽我们自己的方式。任何日落、橡树、婴儿或漂亮女孩，如果是第一次看到（或最后一次看到），就像一个好的艺术家看到或任何一个好的体验者看到的那样，都是一个不可思议的、难以置信的奇迹。只要一个人有足够的理智，意识到生活在一个充满奇迹的世界里比生活在一个满是文件柜的世界要有趣得多，而且一个熟悉的奇迹仍然是一个奇迹，他能轻松地有这种新鲜而陌生的体验。

对于外行人和科学家来说，相关的（和有知觉的）道德是没有充分体验的，是一种盲目的形式，任何一个想成为科学家的人都负担不起。这不仅使他失去了许多科学上的乐趣，而且有可能使他成为一个差劲的科学家。另一个让我有深刻思想领悟的是，我不必反对"体验"和"组织整合"，也不必反对美学，这是一种科学的方法。我认识到，"科学知识"实际上丰富了我的经验，只要我不用它作为经验的替代品，它就不会贫瘠。如果我们接受"先看后知"的模式，那么有知识的体验者往往比无知的体验者更享受。我们现在可以加上"然后再看一遍"，我们就会看到认知变得多好、多有趣、多丰富、多神秘和多可怕。

幸运的是，"真正的体验"常常是令人愉快的，甚至是狂喜的，如果它足够全面即囊括宇宙和充满神秘感。它常常是"令人愉快的",即使它也是痛苦和悲伤的。无论如何,与纯粹的"润色"相比,它往往更让人愉快。对没有经验的人进行洗牌、分类和整理是一种枯燥无味、毫无生气的活动,除了处于低级别的快乐之外,很少有真正的快乐。这只能说是一种"解脱",而不是一种积极的享受。因此,陷入这种"知道"的模式,不仅是一种盲目的方式,也是一种不快乐的方式。

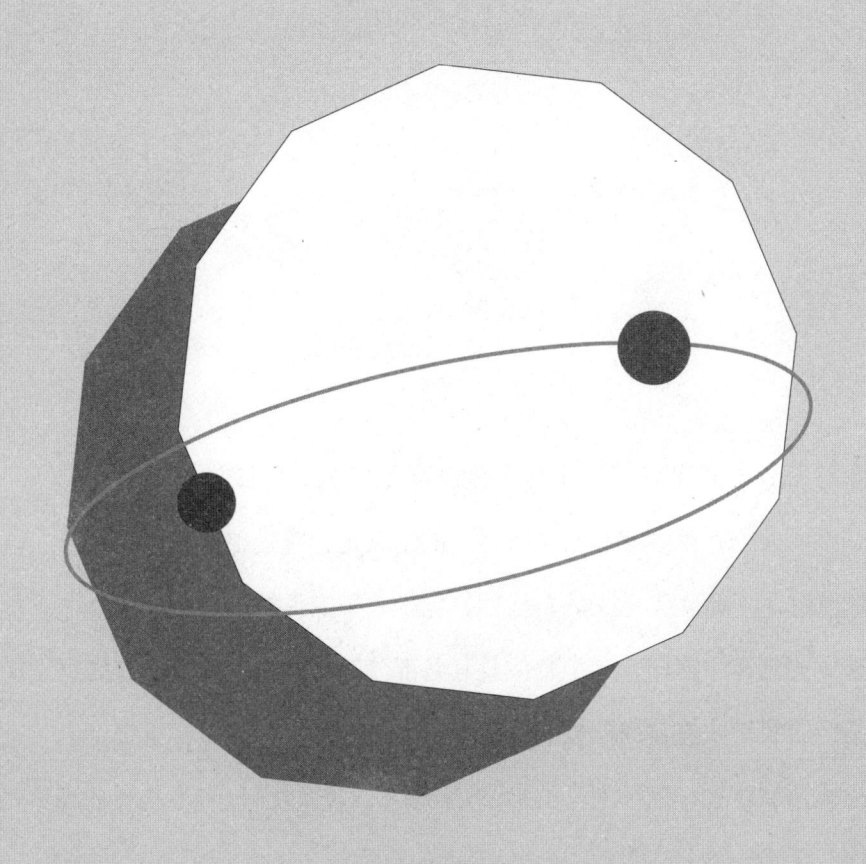

第九章
Chapter nine

本真主义与
抽象主义

在我看来，上述考虑的一个重要副产品是"意义"概念的阐明。一般来说，知识分子、哲学家和科学家对它的定义是：它是整合、协调、分类并组织混乱、多元和无意义的多样性，它是一种完形的、整体的活动，是一个整体的创造。这样，这个整体及其各部分就具有了迄今所没有的意义。"将经验组织成有意义的模式"意味着经验本身没有意义，组织者创造、传播或贡献意义，这种意义的给予是一个积极的过程，而不是一个接受的过程，它是一个认知者给另一个认知者的礼物。

换句话说，这种意义属于分类和抽象的范畴，而不是经验的范畴。它是经济的、简单的知识和科学的一个方面，而不是所有描述性、综合性的知识和科学的一个方面。我常常也能感觉到它是"人造的"。如果人类消失了，那么其中的大部分将会消失。这反过来又使我将"人造意义"与潜在的意义联系起来，即没有内在意义的事物（现实、自然、宇宙）必须被披上意义的外衣，如果人不能做到这一点，那么上帝就必须这样做。

我们可以用两种不同的方式来反驳这种机械论的世界观，就像当代艺术家、作曲家、编剧、诗人、剧作家、小说家（也包括一些哲学家）所做的那样，在受到排斥和压抑之后，过于热情地接受这个概念，并且谈论生命的终极荒谬和生命的本质，用偶然的机会来描绘、书写或创作，打破意义，仿佛它只能是陈词滥调，谈论"任何人类决定的不确定性和任意性"等，这是毫无意义的。对他们来说，意义最终是由命令决定的，是一种没有原则、没有要求的武断决定，是一种不可预测的、偶然性的意志行为。生活变成了一系列的"偶然事件"，本身没有意义，没有内在价值。这样的人很容易成为完全的怀疑论者、虚无主义者、相对论者、冲动者，没有任何对错、好坏之分。总之，他变成了一个没有价值观的人。如果生命的血液不能在他的血管里强劲地流动，他将以谈论绝望、痛苦和自杀而告终。这就好像在说："好吧！我必须接受它。生命没有意义。我必须完全依靠自己的武断决定。除了这些盲目的愿望、一时的奇想和冲动之外，我不能相信任何事。"当然，这是我所见过的态度最极端的版本，但这是它的后果，是合乎逻辑的。

但这种发展可以从另一种角度看待，作为时代精神的一部分，作为长达一个世纪的反抗抽象的"系统"，这个"系统"包括宗教、经济、哲学、政治，甚至科学，它们已经变得如此远离真正的人类需求和经验，以至于它们看起来往往不那么理性。这可以看作陀思妥耶夫斯基和尼采的格言"如果上帝死了，那么任何事情都是允许的"的一种表达。它可以从另一个角度来看待，作为所有传统的、超越人类的价值体系崩溃的后果之一，它只留下了一个可以转向的地方——变成自我，回归经验。当我们认为没有意义时，它是我们需要意义和绝望的一种证明。

从积极的意义上说，我们可以称之为回归纯粹的经验，这是所有思想的开始，当抽象和系统让我们失望时，我们总是回到这些思想。然后我们更充分地认识到，许多事实的最终意义仅仅是它们自身纯粹的存在。在人类历史上，许多被怀疑的人都试图再次变得天真，回到最初，在一个更坚固和确定的基础上重新思考所有事情，在一个动荡的时代是否有任何他们可以真正确定的事情。在生活中，修补和改进似乎是一项无望的任务，而把整个建筑夷为平地，从头再建则更容易一些。

如果我们再加上人类对二分法的诱惑，选择一方或另一方——因此选择经验（放弃所有抽象为内在的敌人）或抽象性、合法性、整合性（放弃合法性的敌人）——那么这些极端位置可以被看作二分法的病态后果。它们可能被视为愚蠢的和不必要的，甚至是幼稚的、无法整合和包容的后果。

正如我们已经看到的那样，我们很容易接受并享受到这种抽象的美德。事实上，为了保持完全的理智和人性，对两者都感到舒适是必要的。因此，这两种不同的意义，它们是互补的，而不是相互排斥的。我将其中一个称为抽象意义，另一个称为经验意义，并指出一个属于分类和抽象的范畴，另一个属于经验的范畴。我更喜欢这个用法，而不是没有意义的或荒谬的，因为对大多数人来说，后一种说法仍然是令人讨厌的和不规范的，可能导致误解。

这两种意义产生了两种交流和表达，无论是在语言、电影，还是在诗歌中。它们甚至再次告诉我们：科学有两个任务，一个是充分承认、接受和品味具体的、原始的经验；另一个是将这些经验联系在一起，去寻找它们的异同，找出其规律和相互关系，构建成可以简单表达的系统，从而可以把许多经验浓缩在一个公式（或"法律"）中，易于我们理解。

但是，这两个任务或目标是相互联系的，不能分割开来，从而造成损害。我们也不能选择其中一个而排斥另一个，因为那样就会产生一种残缺的"具体化"和一种残缺的"抽象化"。

两种理解和解释

这两种表达方式进一步阐明了"理解""预测"和"解释"等词语的意义。纯粹的"科学"人士在不知不觉中使用这些词,这与理想的直觉类型不同。对于前者来说,理解力的提高通常来自并且等于向简单的方向发展。它更加一元化,更加接近统一,减少了复杂性和混乱。"理解"和"解释"隐藏在多样性和复杂性的背后,帮助人们理解它。例如,它将卷心菜和国王连接在一个整合的组织中,建立某种统一的连接,而不是把它们留在那里,不加干涉地沉思。

对于这样一个人来说,"理解"和"解释"都有还原效果,这意味着要想减少变量的数量,必须抓住表象背后的世界,尽管不如简单的解释性理论那么"真实"。这是一种对表面价值的拒绝,是一种减少神秘感的方式。在极端的情况下,对他来说,无法解释的事物不可能是真实存在的。

但对于更富于经验的人来说,还有另一种理解与"这样的意义"类似。理解一个事物就是体验这个事物本身的权利和本质。例如,对一个人或一幅画的体验,可以变得更深、更丰富、更复杂,但也可以停留在一个人试图更好地理解的对象。因此，我们可以将经验理解与综合或抽象的理解区分开来，这是向简化、节约和经济的积极转变。

体验性理解不是简单化的浓缩体验，也不是朝着它的图表（X光、图式或数学描述）移动，它满足于内容在体验中停留，而不是超越体验、品味体验，并以这种直接的方式感受体验的味觉和嗅觉。这就是雕刻家对泥土或石头的理解、木匠对木头的理解、母亲对孩子的理解、游泳者对水的理解、夫妻对彼此的理解。这种理解对于不会雕刻的人、不会木工的人、没有孩子的人、不会游泳的人或者没有结过婚的人来说，是根本不可能理解的，不管通过什么渠道获得知识。

科学家们使用的"解释"这个词，通常只有一个简单的意思。它似乎总是指向经验之外，并代表一种关于经验的理论，但一些艺术家和评论家也以一种经验的、自我参照的方式使用这个词。这很有用，至少我们应该意识到这一点。在这种意义上，经验本身就是一种解释。一片树叶、一首歌曲、一次日落、一朵花、一个人，这是什么意思？它们"代表"自己，解释自己，证明自己。许多现代画家、音乐家甚至诗人都拒绝接受这样一种过时的要求，即艺术作品"意味着"某种超越自身的东西，它们指向外部，没有自我参照，或者它们有某种信息，或者它们在一般科学意义上的简化是"可解释的"。它们是相当独立的世界，我们要看到它们，而不是跨过。它们不是通往另一个地方的台阶，也不是通往另一个终点的驿站。它们不能代表自身以外的标志或符号，它们也不能被"定义"为一般意义上的一个阶级、一个历史序列或与外部世界的某种其他关系。大多数音乐家、画家，甚至一些诗人会拒绝谈论他们的作品或"解释"他们的作品，而不是仅仅用一些纯粹武断的方式给它们贴上标签，或者仅仅指着它们说"看！"或"听！"①。

在这个领域，人们也谈论到了研究贝多芬的四重奏（在沉浸其中的体验意义上，反复的暴露和沉思，在高倍显微镜下对其内部结构进行细微的检查，而不是研究贝多芬的四重奏），然后他们能更深刻地理解它。有一种文学批评流派也有类似的信条，其追随者依靠对作品本身的仔细审视，而不是依靠其社会学、历史、政治或经济背景。这些人并没有重新陷入无法言说的沉默。他们有很多话要说，他们确实使用了"意义""解释""理解"和"交流"等词，尽管他们仍然试图严格地保持在经验范围内。

在我看来，这些来自艺术世界的积极用法有助于重建科学哲学，而不是排除经验数据的科学哲学。我认为他们比其他风格的用法更可取，这些用法谈论的是"无意义"和"荒谬"，而不是"诸如此类的意思"，这些用法将自身减少为指向而非言语交际，否定任何的解释或定义都只能等待启示发生，并且不以任何方式帮助启示发生，实际上，"如果你没有得到它，你永远也不会得到"。我认为，这种积极的用法会带来更复杂、更深刻的商业体验和更务实、更富有成效的管理。"荒谬的""没有意义的""不可言说的"和"无法解释的"这些词暗示了神经的衰弱，因为它

---

① 当T.S.艾略特被问到"先生，请问'女士，三只白豹坐在一棵杜松树下'这句话是什么意思？"时，他回答：我的意思是"女士，三只白豹坐在一棵杜松树下"……毕加索也曾引用类似的话："每个人都想理解艺术。为什么不试着去理解鸟儿的歌声呢？为什么一个人爱夜晚、爱花朵、爱身边的一切，却不去理解它？但对于一幅画而言，人们必须理解其中含义。"

们谈论的是"没有""一无所有"、某种东西的缺失，而不是一种可以用科学方法处理的存在。积极的用法也被证明是合理的，因为它们意味着接受体验可以是最终体验的可能性，这种体验本身是有效的和有价值的。这些用法适用于存在心理学，一种关于目的和存在的最终状态的心理学。否定的用法意味着接受古典科学对价值的坚持，与目的无关，只与达到目的的手段有关（这些手段是任意赋予的）。

生命的原本意义

生活中的许多基本经验，都是"无法解决的"，也就是说，它们是不可能被理解的。除了它们自己，你无法从它们身上找到任何意义。你不能理性地对待它们，它们就是这样。你对它们所能做的事情就是承认它们的存在，接受它们，并尽可能地享受它们的丰富和神秘，同时意识到构成了"生命的意义是什么"这个问题的大部分答案是：生命有它自己的意义。纯粹的生活或行走的体验、视觉的体验、味觉和嗅觉的体验、感官和情感的体验，以及其他的一切都有助于让生活变得有价值。当他们不再积极地享受生活时，生活本身就会受到质疑，就有可能产生厌倦、抑郁和自杀。然后我们会认为"生活是没有意义的"或"生活不再有价值"，或询问"什么是生活的意义"。也正是由于这个原因，我宁愿用这样的意义来表达，也不愿承认没有意义。

法律解释与法律理解

类似意义与抽象意义的区别，类似理解与抽象理解的区别，以及类似解释与单纯解释的区别，也教会了我一些别的东西。

大约1981年前，我开始调查不同类型科学家的动机。我让他们回答两个问题："你为什么选择你的工作领域？"和"你从工作中得到的回报（满足感、快乐、好玩，巅峰时刻的幸福）是什么？是什么让你坚持下去？你为什么热爱你的工作？"这两个问题与"你为什么坠入爱河？"和"你为什么选择婚姻？"的区别类似。由于种种原因，我不得不在采访了十几位不同领域的科学家后放弃这项研究。即使只采访了几位科学家，我也对驱使科学家从事工作并使他们坚持下去的各种各样的隐秘动机留下了深刻的印象。和其他人一样，他们的世界观，他们的快乐和满足、喜好厌恶、职业选择、工作风格，在某种程度上都是他们"性格"的表现。和其他研究者一样，我再次遇到了想要区分不同类型的诱惑，他们有许多名字：意志坚强和思想温柔、阿波罗和酒神、肛门和口腔、强迫和歇斯底里、阳刚之气和阴柔之气、控制和冲动、控制和接受、怀疑和信任等。有一段时间，我使用名称 x 字符和 y 字符，将它们定义为这些对反义词中的公共元素。有时我用"酷"和"暖"这两个词,因为这两个词既不令人反感,也不带有侮辱性,而且我还认为这些词的"体貌特征"比目前知识状态下更明确定义的词要好。出于同样的原因,我也尝试了"蓝绿色"(光谱的末端),并将其与"红橙黄色"进行了对比。最后,我把这个问题搁在一边,尽管那种置身于巨大的光明边缘的感觉仍然挥之不去。问题是,它已经在同一个地方戏弄了我15年,而我却一点儿也不明白。

这些年来,有一种暂时性的印象变得更加令人信服,我在这里提供这种印象是为了进行更仔细的测试。在我看来,那些我认为在性格和外表上"很酷""蓝绿色"或"意志坚强"的人,他们科学工作的目标似乎是建立法律、规则、确定性和准确性。他们谈到了"解释",并清楚地暗示了节约、简单的、一元论的倾向。还原的时刻,也就是取得胜利和伟大成就的时刻。相比之下,我觉得那些"热情"的人,红橙黄色相间的人,直觉敏锐的人(他们更接近于诗人、艺术家、音乐家,而不是工程师、技术人员),"温柔的"科学家们往往会把"理解"这一时刻当作一个重要节点。总而言之,在性格统一体上,从坚强意志到温柔意志的分布,似乎可以由一端"合法的解释",另一端是"这样的理解"的统一体来平行[①]。

这接近于假设"抽象知识"和"经验知识",是相对立的目标(对于纯粹的或极端的类型)。

---

① 在那些非常有创造力或伟大的科学家身上,正如他们的习惯一样,我觉得,他们综合了这两种品质,不是放弃一种而偏向另一种。尽管如此,我还是发现这种类型区分很有用,我和一些人交谈过,我检查过一些人的个人账户。对他们来说,知道什么时候强硬,什么时候示弱。在心理学中,我的印象仍然是,一些这样的极性分化可能将那些"典型的"实验心理学家(那些可怜的临床医生)与"典型的"临床心理学家(那些可怜的研究人员)分开,尽管我完成的一个小研究并不能完全支持这个猜测。

第十章

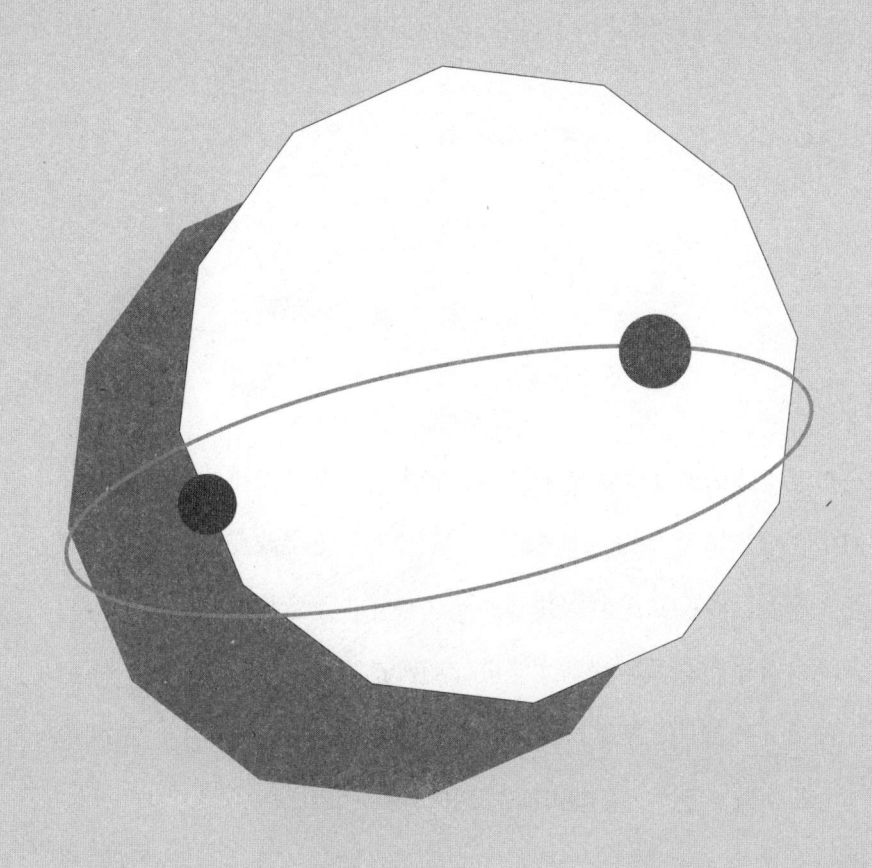

Chapter ten

道家科学与
控制科学

正式科学实验的本质往往是干涉的、侵入的、主动安排的，甚至是混乱的，但是它应该是冷静的、中立的、不干涉的，不会改变它所研究的事物的性质。然而，我们知道事实并非如此。首先，无意识的偏向原子论的古典科学常常假定它必须要解剖才能被知道。这听起来不那么真实，但它仍然是一种强大的偏见。更微妙的是，控制实验的技术就是控制，也就是说，它是主动操纵、设计、安排和预先安排。

这里没有暗示这种现象一定是不好的或不必要的。我试图证明干涉科学并不等于科学本身，其他的策略也是可能的。这位科学家还有其他获取知识的方法。我想在这里描述的是道家学习事物本质的方法，我必须再次强调，事物的本质不是作为一种排他性的方法，或者作为一种灵丹妙药，抑或作为一种积极科学的竞争对手。一个有两种方法的优秀科学家，无论他认为哪种方法合适，都比只有一种方法的科学家更强大。

把道家的接受能力称为一种技巧可能有点不准确，因为它本质上在于能够让你的手不动、闭嘴、保持耐心、暂停行动、接受和被动。它强调仔细观察一种不相互干扰的类型。因此，它是对自然的态度，而不是一般意义上的技术，甚至应该称之为"反技术"。当我向我的科学家朋友们描述这种态度时，他们通常会嗤之以鼻地说："哦，是的，简单的描述性科学。"但我常常不确定他们是否理解我的意思。

想要道家真正接受是一件困难的事情。能够真正地、完全地、被动地、自谦地倾听——不预先假定、分类、改进、争论、评价、赞同或反对，不与所说的内容争论，不预先排练反驳，不自由联想到部分。这样就不会听到后面的部分——这种倾听是罕见的。孩子们比他们的父母更能全神贯注和无私地观察和倾听。库尔特·沃尔夫在他的文章中称之为"投降"，这些文章很难，也相当复杂，足以让任何人都觉得投降很容易。

命令一个人接受"投降"，就像告诉紧张的人必须要放松一样。他愿意，但他不知道怎么做。沉着、冷静、休息、放松——尽管它们也不完全正确，但这些词也许能更好地表达我的意思。在任何情况下，它们都带有这样的含义：恐惧、紧张、愤怒和不耐烦，是接受和不干涉的敌人，一个人必须能够尊重自己正在研究或学习的东西。一个人必须能够让它成为自己，服从它，甚至认同它的存在，并且在观察它成为自己的过程中感受到奖赏甚至快乐，即展现出它自己的内在本质，不受观察者本性的干扰和影响，也不受外界干扰。世界上的许多地方可以说是很强大的，这意味着动物或孩子是会害怕的，只有真正强大的观察者才能看到秘密。

在东方，作家更强调观察者与自然和谐的概念。这里的着重点有点不同，因为这意味着观察者本身就是他观察到的自然的一部分。他融入了，他属于这里。他是场景的一部分，而不是一个立体模型的旁观者。在某种意义上，他在母亲怀抱里研究他的母亲。摧毁、改变、操纵和控制显然是傲慢和不适当的。对科学家来说，掌握自然并不是唯一可能的关系。

西方人在生活的某些领域往往接受一种不干涉的态度，所以至少我们能理解这里的意思，简单地观察和接受是什么感觉。我首先想到的例子是欣赏艺术和聆听音乐。在这些领域，我们不会干涉，我们只是通过接受、屈服和融入音乐来享受，例如，我们"屈服"于音乐，让音乐成为自己。我们也可以不做任何事情，就从太阳或一桶温水中吸收热量。我们中的一些人是好病人，可以很好地与医生和护士相处。女人应该在性爱、分娩、育儿中屈服和"投降"。在一场大火或美丽的河流、森林面前，我们中的大多数人都能被快乐地感动。很明显，专横的态度并不能让你亲近陌生的社会或治疗中的病人。

然而，由于某种原因，在教科书中对认知接受策略的讨论并不多，这一策略也不是一种被重视的科学技术。这是很奇怪的，因为掌握许多领域的知识是很有必要的。我认为特别是对民族学家、临床心理学家、行为学家、生态学家来说是十分必要的，但接受策略原则上在所有领域都是有用的。

结构接受度

当然,区分诸神性和抽象性,然后将它们结合起来,又使我们面临着普遍性和法律性的旧问题。它们完全是人为的吗?是他为了自己的方便而发明的吗?或者他们是被发现而不是被创造出来的?它们是不是一种感知,无论多么模糊,都是对人类之前存在的事物的感知?在这里,如果不尝试任何明确的答案,就有可能为澄清这个问题做出一些贡献。

首先,这个问题的二分法、非此即彼的措辞应该会引起我们的怀疑。这不是程度问题吗?诸神性与抽象性的区别表明,这种感知远比整合和抽象的成就更具道家色彩,更容易接受和被动。正如许多人所认为的,这并不一定意味着对普遍性的感知只是一个积极的任务,它也可以是一种接受的开放,一种对事物本身不干涉的意愿,一种耐心等待感知者内在结构向我们展示自己的能力,一种对秩序的发现而不是命令。

最著名的理论是弗洛伊德发现(和推荐)的"自由漂浮注意"。从长远来看,要想理解一个有治疗作用的病人——或者任何人——放弃积极的注意力,努力快速理解是最有效的方法。这里的危险是过早地解释或理论，而且这很可能是个人的建设或创造。奋斗和集中注意力并不是在前意识或无意识层面上感知初级过程的最佳方式。这些是次要过程，实际上可以隐藏或推出主要过程数据。精神分析学家的禁令是"让无意识的人和无意识的人交谈（并倾听）"。

对于试图理解复杂文化的民族学家来说，类似的事情也是如此。在这里，不成熟的理论也是危险的，因为它不可能察觉到任何与不成熟的结构相矛盾的东西。最好有耐心，乐于接受，对数据"屈服"，让它们以自己的方式就位，这也适用于行为学、生态学和自然学家。因此，对于处理任何种类的大量数据的人来说，原则上也是如此。一个人不仅要学会主动，而且也要学会被动。一个人整理、重新排列和摆弄数据，以白日梦的方式，无精打采地一次又一次地看时间。一个人"睡在上面"指的是整个事情是无意识的。科学发现的历史表明，在通常情况下，这种方法是有效的。

总之，理论和法律的建构往往更像是对它们的发现，似乎有一种相互作用，对任何知识分子，无论是外行还是专业人士，活动和接受力的结合最好能够根据情况需要，既积极主动又乐于接受。

沉思

在任何情况下，你能对"事物的存在方式"做些什么，对世界和其中纯粹的事物有如此之大的范围能做些什么——当然，即使你不被它所吓倒（像许多人一样），当你被动地接受时，你唯一能做的就是对它感到惊奇、沉思、欣赏、着迷——希望你能享受它。也就是说，什么都不做。这是关于孩子们体验具体世界的方式——专注、着迷、兴奋、陶醉。在巅峰体验中，也会以某种形式与世界结合。也是我们考虑死亡或被判处缓刑，抑或当爱打开我们的世界时，它是给我们当迷幻药的最佳效果，当一个诗人、画家为我们可以设法让世界焕然一新——这些都是通往感知事物真实性的道路。他们所有人都告诉我们，恐惧不像许多人认为的那样可怕，它也可以是极其美丽和可爱的。

至少目前，我们不必对多样性做任何事情，我们只需要以一种接受的、通俗的、沉思的方式去体验它。它不需要立即被解释、分类、理论化，甚至被理解（除了它自己的术语）。

有些人说，我们应该记住，此刻的我们最接近现实。他们说，这是我们能够最直接地见证现实的方法。他们警告我们,当我们开始组织、分类、简化、抽象和概念化活动时,我们也开始脱离现实,转而感知自己的结构行为,以及我们自己的先入之见。这些都是我们自立门户的安排,通过这些安排,以便于我们在一个混乱无序的世界里建立秩序。

这种态度与传统的科学立场正好相反,例如,爱丁顿看到和摸到的桌子,对他来说不如物理学家概念化的桌子真实。大多数物理学家认为他们离现实越来越近,因为他们离感官世界越来越远。但毫无疑问,他们所处的现实与他们的妻子和孩子所处的现实是不同的。做一个简单的人确实能化解这个现实。

我们不需要对这种分歧进行裁决,因为我们已经知道科学有两个目标,一个是体验和理解具体性,另一个是将具体性的混乱组织成可理解的抽象。然而,现在的事实需要强调前一个目标,而不是后一个目标。科学家们通常不认为自己是善于接受别人意见的人,但他们应该这样想,否则他们就有可能在作为所有知识和所有科学开端的现实经验中失去立足点。

因此,"沉思"这个词的概念可以被理解为一种不活跃、不干涉的见证。也就是说,它可以被同化成道德的、非侵入性的,对经验的接受。在这样的时刻,经验发生了,而不是被迫发生。因为这允许它是自己本身,被观察者轻微地扭曲,在某些情况下,它是一条通往更可靠、更真实的认知的道路。

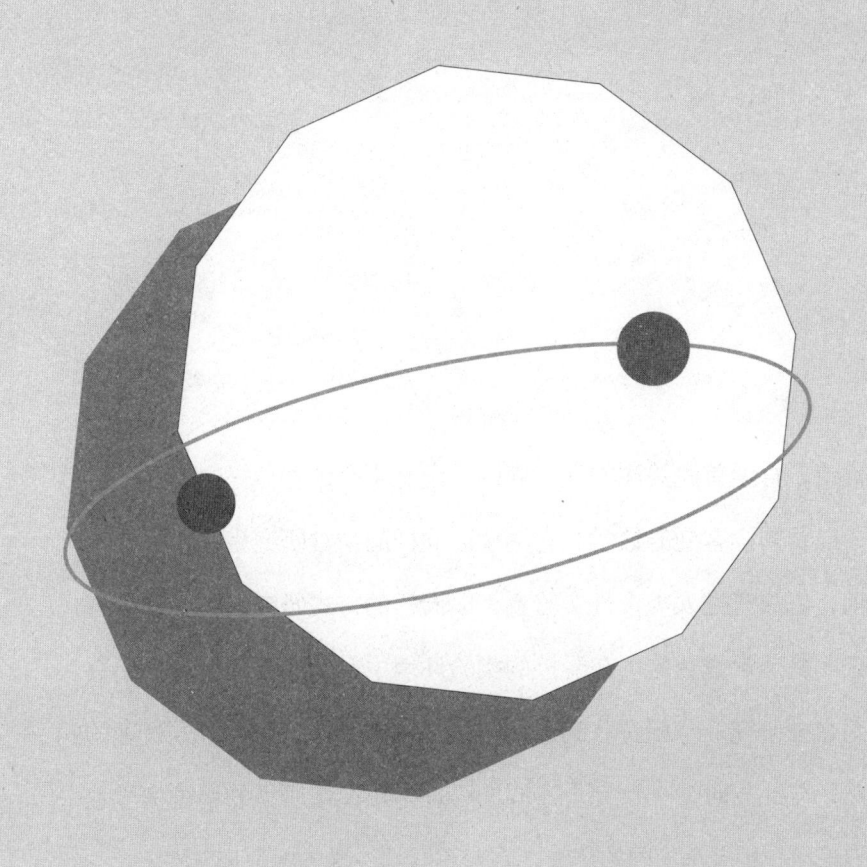

第十一章
Chapter eleven

作为科学典范的人际
（我—你）知识

历史上，科学首先关注的是客观的、没有生命的物体——行星、坠落的物体，以及同样客观的数学。它继续以同样的精神研究生物，大约一个世纪以前，它故意把人类带进实验室，以同样的方式研究人类，这种方式已经被证明是非常成功的。在受控的实验环境中，他将作为客观、中立、定量的对象被研究。"问题"的选择往往是任何容易以这种方式处理的问题（当然，与此同时，一种完全不同的心理学正在诊所里的精神病学家中发展，它来自一种完全不同的传统，有着不同的法律、规则和方法）。

对人类的"科学"研究，只不过是把物理学、天文学、生物学等方法论应用到一个不合适的对象上，是一种更困难、更令人恼火的工作。

他是一个特例，可以说是客观科学方法的一个边缘例子。我建议，我们不应把这个非个人的中心点作为出发点或中心点。让我们试着以人的知识作为范例，从中创造出哲学和认识论的方法论、概念化和世界观的范例或模型。

把两个人之间的"我—你"人际关系、爱情关系中发生的知识作为终极知识的后果是什么？让我们把这种知识看作"正常的""基本的""常规的"，作为我们判断任何一点知识的"知识性"程度的基本尺度。例如，朋友认识朋友、两个人相爱、父母认识孩子、孩子认识父母、兄弟认识兄弟、治疗师认识病人等。在这种关系中，知者与他所知的事物相关联。他并不遥远，而是亲近；他对此并不冷静，而是热情的；他不是没有感情，而是感情用事。他对知识对象有同理心和直觉。在某种程度上，他觉得自己与知识是一致的。他很在乎。

与儿科医生或心理学家相比，一位优秀的母亲通常能更好地与孩子沟通。如果这些医生有头脑，那么他们会让母亲做翻译，而且会经常问："孩子想说什么？"长时间的朋友，特别是已婚的朋友，相互理解、预测和交流的方式，在旁观者看来完全是神秘的。

这种人际关系知识的最终极限，是通过亲密关系达到神秘的融合，在这种融合中，两个人以一种现象学的方式成为一体，这种方式被神秘主义者、禅宗佛教徒、体验巅峰者、恋人、美学家等描述得最好。在融合的体验中，对他人的了解来自成为他人，也就是说，它从内部变成了经验知识。我知道是因为我了解我自己，它现在已经成为我的一部分。与知识对象的融合允许经验知识。由于经验知识对于许多人类目的来说是最好的一种知识，所以认识一个对象的最好方式就是与之融合。当然，与任何人融合的一个好办法就是关心他，甚至爱他，我们最终会得出一个学习和认知的"法则"：你想知道吗？那就小心点！

治疗性生长关系没有神秘融合那么极端。我把自己局限在这里——所有的洞察力，非指导性的治疗，如弗洛伊德、罗杰斯、存在主义心理学等。关于移情、遭遇、无条件的积极关注等，我已经写了很多文章，但所有这些都有一个共同点，即明确意识到一种特殊关系的必要性，这种关系可以驱散恐惧，使接受治疗的人能够更真实地看到自己，从而给人带来快乐，控制自己的自我认可和自我否定的方面。

现在让我们把这种治疗和成长的关系主要看作获取知识的一种方法。然后让我们将这个认知工具与显微镜或望远镜进行对比：显微镜或望远镜：旁观者——知识（A）表示；人际关系——知识（B）表示。

1.A.包括主体和客体的分裂，即所谓的"笛卡尔分裂"。这种分裂和"疏远"被认为是有益的、有用的和必要的。B.减少治疗师和患者之间的这种分裂和"疏远"，虽然方式不同，但都是为了更好地理解患者，而不是治疗师。

2.A.理想是完美的旁观者式的超然，完美的彼此"排他"。不确定，分离，解脱。B.理想是融合、融化、合并。

3.A.观察者是一个陌生人，一个异类，一个非参与者。B.观察者是参与式观察者。

4.A.更少的干涉和交易。我对桌子或雕塑的看法。更多的疏远，更少的认同。B.更多的交流和交易。一个木匠对他所做的桌子的看法。雕塑家对雕塑的看法。更少的疏远，更多的认同。

5.A.为了避免这种关系（为了能够成为一个中立的判断者）而试图变得不相关。B.试着变得更亲密。

6.A.在体验自我和观察自我之间没有意识到分裂的使用。在认知过程中不使用自我认知。B.具体增强了体验自我与观察自我之间的相互作用，以及它们之间卓有成效的依赖和相互依存关系。自我认知是这一认知过程的重要组成部分。

7.A.观察者的本质和独特性不是一个大问题。任何有能力的观察者和其他人一样优秀,会看到同样的真理。B.知识者的本性是知识本性的必要条件。知者不易互换。

8.A.观察者并没有以任何重要的方式创造真理。他发现、见证或感知他们。B.观察者在某种程度上通过他是什么,他是谁,他通过做什么来创造真理。

9.A.自由放任的认知(冷漠)。B.最终(道家的)不干涉从关心中产生。

10.A.我—它。B.我—你。

11.A.更多的精神活动,理论化,假设化,猜测,分类。B.在允许二级过程接管之前,更愿意纯粹地体验,更多的接受能力。

12.A.积极的注意力,意志集中。有目的性。B.自由漂浮注意,耐心,等待。初级过程,前意识,无意识。

13.A.完全有意识,理性,语言。B.初级过程,前意识,无意识,前语言。

14.A.旁观者超然、中立、客观的不介入、不关心、自由放任。知觉的本质是什么并没有什么区别。B.超然和客观,不干涉,关心,享受,愿意让人做他自己。对对方存在的认识。对人的幻想,现实的感知,不否认,不需要改善感知,没有先验的要求。接受诸如此类。不要碰它,因为你喜欢它本来的样子,想要它成为它自己,不想要它成为别的样子。

15.A.这种感觉可以被感知。组织学切片、显微镜和生物学家各有所长。他们离婚了。显微镜和载玻片都不会爱上生物学家。B.感知到的回应。

我很感谢能被理解。它需要被正确地感知。它把幻想和希望投射到感知者身上。它给感知者一个光环。被感知者爱感知者，并可能依附于他。或者被感知者可能憎恨或对感知者感到矛盾。这个人对"认知工具"有话要说。这在他身上可以改变"认知者"（反移情等）。

认识一个人是复杂的，因为他们的生活中有很多人际关系。基本需求通常由其他人来满足或阻挠。如果你想了解一个人，一方面，最好让他和你在一起时没有顾虑，让他觉得你接受、理解、喜欢他，甚至爱他；如果他觉得你尊重他并不会威胁他的自由，那就更好了。另一方面，如果你不喜欢他或不尊重他，如果你感到轻蔑、不赞成，或看不起他，或者用"惯例化"眼光看他，不把他看作一个独特的人，那么他就会把自己封闭起来，拒绝让别人看到他。（如果你喜欢孩子，我也会给你看我孩子的照片。如果你不喜欢孩子，我就不给你看了。）他甚至可能故意向你提供错误的信息。这种情况在人种学家、心理治疗师、社会学家、民意测验专家、儿童心理学家和许多其他人身上经常发生。

有大量的研究文献支持这些结论，例如，关于访谈、心理治疗技术、人种学实践、民意调查、人际感知、强者与弱者之间的相互关系等。但我不记得这些研究结果已经应用到认识论问题的"获得"可靠和真实的知识。我怀疑，在这些研究领域中，很少有人意识到他们发现的这种特殊应用，或者他们可能意识到了，但被其影响所吓倒。这是可以理解的。我们被反复教导，通往可靠知识的道路永远是相同的，无论你想研究分子还是人类。现在我们被告知这两种研究可能有不同的途径。有时甚至有这样一种暗示，也许有一天研究人类的技术会被推广，从而包括分子的研究，这样我们甚至可能以一元论的认识论结束，但有一个不同的中心点！

这种通过知者与被知者之间亲密的人际关系获取知识的方式，在科学的其他领域也可能发生，只是程度较轻。我立刻想到了动物行为学，但是所有形式由医生"临床"获得的知识也有一些相同的特征。社会人类学也是如此。社会学、政治学、经济学、历史学，甚至可能是所有社会科学的许多分支都是如此。也许我们还可以增加所有或许多语言科学。

但我希望提出一个更重要的观点。没有必要"站队"或直接投票给一个政党。的确，我们可以将科学或所有知识领域划分成一个等级，从最重要的关系到最不重要的关系。但我想提出一个更激进的问题：所有的科学、所有的知识都可以被概念化为知者和已知者之间相互关爱的结果吗？将这种认识论与现在主导"客观科学"的认识论放在一起，对我们有什么好处？我们可以同时使用两者吗？

我自己的感觉是，我们可以根据情况需要使用这两种认识论。我不认为它们是相互矛盾的，而是认为它们是相互促进的。没有理由不把这两种武器放在任何想知道任何事情的人的军械库中。我们必须考虑这样一种可能性，即使是天文学家、地质学家或化学家也能更全面地理解，哪怕是不涉及个人的东西。我指的是有意识的、语言化的、形式化的可能性，因为我已经确信，一些天文学家和化学家等秘密地把他们的"问题"联系起来，类似于他们的爱人和他们的家人。

"爱"的研究对象

"爱"的意思是了解、理解和欣赏的对象，必须在其复杂性中被看得更清楚。至少它意味着对研究对象的"兴趣"。很难看到或听到完全无趣的东西，这都是很困难的。"爱"也很难去思考，当一个人被迫学习一些完全无趣的东西时，他所有的防御和抵抗能力都可以被调动起来。一个人会忘记，会想其他的事情，会走神，会疲劳，智力似乎会下降。总而言之，一个人很可能会把工作做得很差，除非他对某项任务感兴趣，并被它所吸引。至少需要一点激情（或性欲）。

的确，尽职尽责是可能的，即使一个孩子在学校里也会做很多没有兴趣或只有一点兴趣的事情，以此来获得老师的喜欢。但是，这样的孩子也提出了一些其他的问题，这些问题太深奥了，不能在这里深入探讨，比如培养孩子的性格，丰富孩子的自主权，以及单纯的顺从所带来的危险。我提到它们是因为我不希望有人陷入简单的非黑即白的二分法，因为在这里很容易发生这种情况。无论如何，这句简单的话是毫无疑问的：要想更好地学习、感知、理解和记忆一个人，最好是对他感兴趣，参与其中，拥有

"一点点爱"，至少对他有点着迷和吸引。

就科学家而言，他知道这对他来说是正确的，如果只是因为科学研究特别需要耐心、固执、坚持、专注于任务、克服不可避免的、失望的毅力等。长期科学要想成功真正需要的是激情、魅力和痴迷。这位富有成果的科学家是这样一个人，他用对待所爱之人的方式来谈论自己的"问题"，把他这当作一个目的，而不是作为达到另一个目的的手段。避免一切干扰，沉浸在工作中，这意味着他没有分裂。他竭尽所能都是为了一个目的[①]。

这可以被有意义地称为爱的行为，这样的措辞有一定的优势。同样，一个期待热爱自己的工作和问题的人能做得更好也是有意义的。这就是为什么我认为它将帮助我们，即使是最严格意义上的科学家，只要他仔细研究"通过爱获得知识"的范例，我们就可以在最纯粹的恋人或亲子关系中看到这种范例，或者适当地翻译成自然主义术语，在神秘主义文学中看到这种范例。

---

① "如果你想在调查中成为一个绝对的失败者，你必须把对调查结果毫无兴趣的人带走。毕竟，他是有理由的无能者，是积极的傻瓜。"（威廉·詹姆斯）

人际关系中的真理建构

我们从非人格化的古典科学中继承的真理和现实的图景是它"在那里",完美、完整、隐藏但无法实现。在早期的版本中,观察者只是简单地观察。在后来的版本中,人们了解到,观察者戴着一副扭曲的眼镜,但这副眼镜永远也取不下来。

最近,物理学家和心理学家已经认识到,观察行为本身就是一个塑造者,一个改变者,一个被观察现象的入侵者。总之,观察者在一定程度上创造了现实真相。现实似乎是感知者和被感知者的一种结合,一种相互的产物,一种交易。例如,许多研究都是有结果的,并且有观察者期望的影响,这里只提到两条著名的实验路线。

我这里指的不仅仅是天文学家的"伪误差",甚至也不仅仅是海森堡的不确定性原理。我指的是不可能发生的事情,例如,一种未受文字影响的文化到底是什么样的,为什么不会被观察它的人种学家所扭曲。或者列举一个我最近参与的案例,你怎么能从一个表面宗教团体的"真实"行为中减去一个外部观察者公认的抑制作用呢?我上大学的时候听过一个故事，它可能是杜撰的，讲的是一个联谊会的男生，为了好玩，同意去追一个丑陋、笨拙的女孩做女朋友。这个故事把她变成了一个充满自信的女性和可爱的女孩，以至于男孩们爱上了他们自己的创造物。

情感与真理

我在此引用大卫·林赛·沃森的《人性研究》一书中的一句话："当两个人在争论时，我并不认为事情的真相总是取决于更冷静的参与者。激情可以增强争论者的表达能力，因此，从长远来看，可以引导他们进入更深的真理领域。"毫无疑问，某些情绪完全扭曲了我们的判断。但我要问理性主义极端分子：如果真理不能激发探索者的热情奉献精神，我们还会有科学吗？

这是心理学家们日益增长的不满情绪的一种典型表现，人们普遍认为情绪只会造成干扰，是真实感知和良好判断的敌人，站在睿智的对立面，并且是相互排斥的真理。人文主义的科学观产生了一种不同的态度，即情感可以与认知协同作用，有助于发现真理。

融合知识

这些爱情关系可以超越与世界融合的神秘体验,通过与对象融合,使两者合二为一,带给我们知识的终点(超越对象的爱)。这可以被认为是理论目的,通过我们所知道的内部知识成为经验知识,至少这些知识接近或试图接近的理想极限。

这听起来并不是那么离谱。一种值得尊敬的研究精神分裂症的方法是尝试用适当的化学药品使自己暂时成为精神分裂症患者,或者自己曾经是精神分裂症患者并已经康复,这样人们就更容易与精神分裂症患者产生共鸣。新行为主义学派的代表人物爱德华·托尔曼是最受爱戴和尊敬的一位心理学家,他最著名的实验是白鼠走出迷宫的实验,他曾承认:有一次他违背了自己的正式推论,当他想预测老鼠会做什么时,他试图与老鼠产生认同感,感觉自己像一只老鼠,然后问自己:"现在我该怎么做呢?这样做对吗?"约翰·伯切尔也是如此,我热切地期待有这样一个回顾性的报道,讲述身为约翰·伯切尔的感受。

另一类例子是人种学家的例子,在另一个领域遵循相同的范式。你可以了解到你不喜欢的人或部落的许多事实，但你可以了解的东西是有限的。为了认识印第安人，不仅仅要了解他们，还必须在某种程度上融入他们的文化中。如果你"成为"一个黑脚印第安人，那么你可以通过内省来回答很多问题。

即使在非个人的极端情况下，也有可能把透过望远镜看东西的两种感觉区分开。一个人可以通过望远镜偷窥月球，就像一个偷窥狂（旁观者，局外人）通过钥匙孔远距离地偷窥外星人，另一个人是遥远的（我们不是，也永远不可能）。或者你有时会忘记自己，你会变得专注、着迷，并置身于你所看到的世界之中，而不是置身于它的外部。这就好比一个孤儿走在黑暗寒冷的街道上，透过窗户看见小孩子在父母怀里嬉闹的温暖场景。科林·威尔逊的书中充满了局外人和多愁善感的旁观者的例子。

同样地，一个人可以在微观世界里，也可以在微观世界外，用你的眼睛通过显微镜看到幻灯片上的物体。你可以听管风琴音乐，冷静地检查它，看看它有多好，以及它是否值得你花钱买这场音乐会的门票。你可以被它吸引，并且感觉它在你的内心跳动，这样你就不在别的地方了。如果你在跳舞，而节奏"抓住了你"，你可以进入节奏里，你可以认同节奏，你可以成为它的意愿工具。

两种客观性

事实上,"科学客观性"一词已经被以物理为中心的理论科学家们所取代,他们倾向于使用他们的机械形式的世界观。天文学家和物理学家当然有必要维护他们的自由,去看到他们眼前的东西,而不是让教会或国家先验地决定真理。这是"无价值科学"概念的意义内核。正是这种如今被许多人不加批判地接受的概括,削弱了人类和社会科学家的能力。

当然,这些学生现在愿意研究其他人的价值观,研究者可以从这些价值观中抽离出来,可以像研究蚂蚁或树木的"价值观"一样不带感情地进行研究。也就是说,它们可以被当作"事实"来对待,因此,它们可以立即被所有经典的、非人格化的科学的方法和概念所"正常"对待。但这不是真正的问题。

这种"科学客观性"的意义是显而易见的,它是为了防止投射到感知的人类或超自然动机、情感先入为主,而实际上这些并不"存在",因此不应被视为存在。观察必要的科学规则"只看到实际存在的东西"(这一规则开始于没有看到"上帝的设计"),今天主要是为了防止科学家们自己的价值观、希望、愿望被投射出来。

虽然这永远不可能做到完美，但它可以在一定程度上接近。正常的科学训练和正常的科学方法是为了越来越接近这个不可能的终点。毫无疑问，这在一定程度上是成功的。我们所称的优秀科学家的标志是他有更强的能力去感知他所不喜欢的东西，以及当他感知到他所赞同的东西时，他会有更强的怀疑精神。

问题是：这个目标怎么实现？什么是感知事物的最好方式，至少被我们自己的希望、恐惧、愿望和目标所感知？最重要的是实现这个目标只有一条路吗？是否存在另一种通往"客观性"的途径，即看到事物的本来面目？

传统意义上，"科学客观性"最成功的实现是在它的对象远离人类的愿望和希望的时候。如果一个人在研究岩石、热量或电流的性质，他很容易会觉得没有参与感、超然、冷漠和中立。人不能和月亮等同。一个人并不像"关心"自己的孩子那样关心它。我们很容易对氧和氢采取放任的态度，拥有不受干扰的好奇心，以道家的心态接受事物，让事物顺其自然。坦率地说，当你不关心结果，当你不能认同或感到同情时，当你既不爱也不恨时，你很容易变得客观、公平、公正。

但是，当我们进入人类和社会领域，当我们试图客观地对待我们喜欢或讨厌的人，对待我们的忠诚或价值观，对待我们的自我时，这种观念和态度的框架会发生什么呢？那时，我们就不再放任自流、没有人情味、不参与、身份不明、没有利害关系。因此，要成为"放任主义目标"或"不关心他人的目标"就变得困难得多。现在有新的危险。

在努力实现"科学化",例如,人类学家可能会全盘接受他错误地认为与这种客观性有关的观点。他可能会变成科学家,而不是人类学家,可能会觉得有必要淹没他对他研究的人的感情,可能会量化是否必要,可能会以准确的细节和一个错误的整体结束。(在民族学中,最佳的阅读方法是谨慎地将技术专著、更好的旅行报告和更具诗意和人文主义的人类学家的印象派作品结合在一起。)

假定不关心的客观性可以通过改进训练在一定程度上得到增强,那么到目前为止,更重要的是另一种客观性的可能性,这种客观性来自关心而不是不关心。这就是我在各种出版物中描述的爱、巅峰体验、统一的知觉、自我实现、协同作用、道德接受,"创造性态度"的认知,以及作为存在心理学的一个普通方面,纳梅切也进行了卓有成效的分析。

简单地说,我的论点是:如果你在存在的层面上足够爱某物或某人,那么你就可以享受它自身的实现,这意味着你不会想要干涉它。因为你爱它本身,然后你将能够以一种不干涉的方式感知它,这意味着不去干扰它。这反过来意味着你将能够看到它的本来样子,不受你自私的愿望、希望、要求、焦虑或先入之见的污染。既然你爱它的本身,你也不会倾向于判断它、使用它、改进它,或以任何其他方式把你自己的价值观投射到里面。这也意味着更具体的体验和见证,较少的抽象、简化、组织或智力操作。让它独自存在也意味着一种更全面的态度,以及不用那么积极地剖析。总而言之,你可能会喜欢一个人,敢于看到他本来的样子;如果你喜欢事物本来的样子,你就不会改变它。

因此,你可以看到它(或他)的本质,未受影响的、未被破坏的,也就是客观的。你对这个人的爱越深,你就越不能盲目。

这种"关怀的客观性"的另一个方面可以用超越来表达。如果客观性的意义之一是能够看到事物的本来面目,不论我们是否喜欢它们,不论我们是否赞成它们,不论它们是好是坏,因此,一个人越能够超越这些差别,他就越有能力达到这一立场。这很难做到,但在存在—认知、存在—爱等方面或多或少是可能的。这也很难表达,但因为我在其他文章中尝试过,所以我不会在这里进一步讨论。

仅举一个例子,这两种客观性及其相辅相成的性质,无疑在作为局外人的优点和缺点中得到了充分的体现。犹太人或黑人对我们社会的客观性远比局内人强。如果你是乡村俱乐部或机构的成员,你可能会把它所有的价值视为理所当然,甚至不会注意到它们。这包括所有的合理化、否认、官方的虚伪等。只有这些局外人才能看得清楚、容易。因此,对于有些真理,旁观者比体验者更容易看到,体验者是被认知的现实的一部分。

我已经提到过,有很多证据表明,在某些方面,黑人比白人更了解黑人。现在没有必要重复这一点。

另一组引人入胜的研究问题和假设也是由"生存—爱的知识"这个概念产生的。爱的能力是一个人成熟程度高的特征。因此,个人的成熟是这种洞察力的前提,而提高这种认识的方法之一,就是提高认识者的成熟度。这对科学家的教育意味着什么?

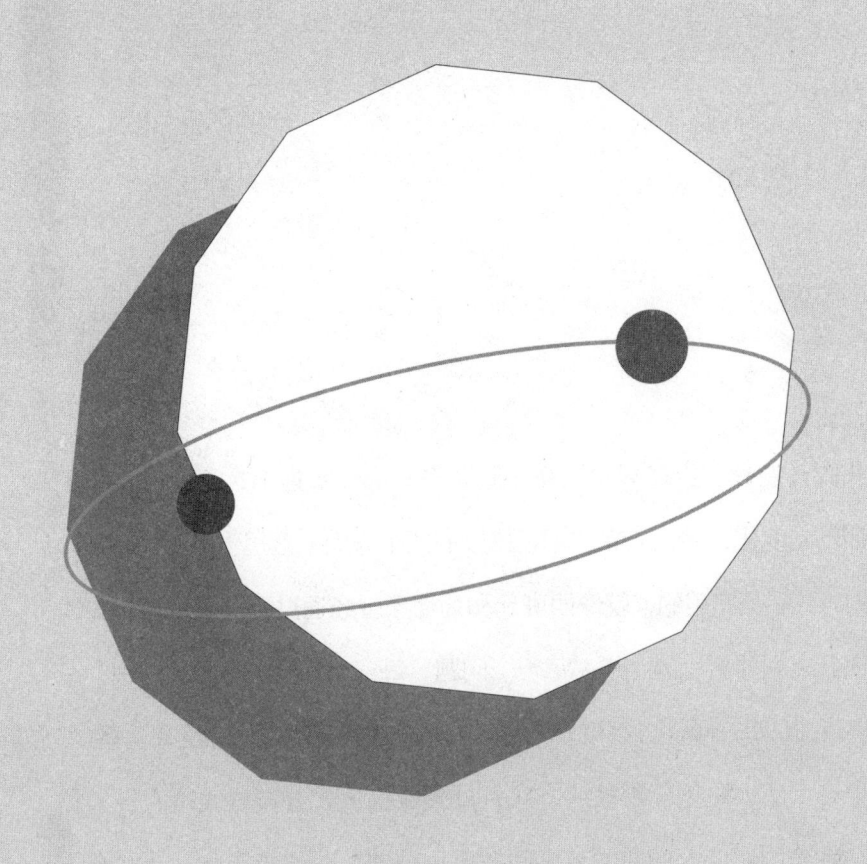

第十二章
Chapter twelve

无价值的科学

在我的《宗教、价值观和巅峰体验》一书中，我指出，正统科学和正统宗教都已制度化，并被分离成相互排斥的两个方面。亚里士多德的a和非a的这种划分几乎是完美的，就像西班牙和葡萄牙曾经通过画一条地理分界线来区分他们之间的新世界一样。每一个问题、每一个答案、每一种方法、每一片管辖范围、每一项任务都被分配给其中一个或另一个，几乎没有重叠。

其中一个后果是他们都被病态化，分裂成疾病，分裂成残缺的科学和宗教。这种分裂迫使人们在两者之间做出一种非此即彼的选择，就好像一个人面对的是两党制，在这种制度下，除了直接投票，别无选择，选择其中一个就意味着完全放弃另一个。

由于这种被迫的非此即彼的选择，使想要成为科学家的学生自动放弃了大量的生活，特别是最丰富的部分。他就像一个被要求进入修道院并发誓放弃的僧侣（因为正统科学已经将现实人类世界的许多部分排除在它的管辖范围之外）。

最重要的是，科学与价值观无关。正统的科学被定义为无价值的，对生命的目标、目的、回报或正当性都无话可说。一个常见的说法是"科学不能告诉我们为什么，只能告诉我们怎么做"。另一个是"科学不是一种意识形态、伦理或价值体系，它无法帮助我们在善与恶之间做出选择"。因此，不可避免的暗示是，科学只是一种工具、一种技术，可以被好人或坏人平等地使用。纳粹集中营就是一个例子。另一个暗示是，成为一名优秀的科学家与成为一名优秀的纳粹分子是相容的，一个角色不会对另一个角色施加内在的压力。当存在主义者问我们为什么不应该自杀时，正统科学家只能耸耸肩，说："为什么不呢？"（为了不把我们弄糊涂，请注意我说的不是先验的"应该"或"不应该"，生物体在生与死之间做出选择。他们更喜欢生活，并坚持下去，但不能说他们对氧气、电磁波或万有引力有同样的偏好。）

现在的情况甚至比文艺复兴时期更糟，因为所有的价值领域和所有的人文科学艺术都被包括在这个非科学的世界里。科学最初是依靠自己的眼睛，而不是依靠古人或教会的权威或纯粹的逻辑。也就是说，它最初只是一种寻找自我、不相信别人的先入之见。那时没有人说科学是没有价值的。这是后来的一次累积。

现在的正统科学不仅试图摆脱价值观，而且还试图摆脱情感。就像年轻人所说的，它试图变得"酷"。超然、客观、精确、严谨、量化、简约、合法等基本概念都暗示着情感和情感强度是认知的污染物。毫无疑问，"冷静"的感知和中立的思维是发现任何科学真理的最佳方式。事实上，许多科学家甚至不知道还有其他的认知模式。这种二分法产生的一个重要的副产品是科学的去中心化，将所有超越的经验从受人尊敬的已知和可受人尊敬的可知的领域中驱逐出去，并否定了科学中敬畏、惊奇、神秘、狂喜、美丽和巅峰体验的系统地位。

科学价值观

一方面，心理学家可能会把一个人的想法描述为偏执，但不管怎样都要避免表达对这种行为的价值判断。另一方面，哲学家的任务是表达价值判断，他陈述偏执思维是好是坏、是对是错、是可取的还是不可取的等。这种区别将哲学与其他科学分离开来。事实上，哲学家评价一个人的行为或性格是好是坏、是对是错、是美丽还是丑陋，这正是柏拉图定义的哲学方式，即研究真、善、美。科学家们避免评价，因为他们认为这种做法是不科学的，这是不正确的。只有哲学家才能进行评价，而科学家对事实的描述就像他们可能会一样。

显然，这项声明需要许多限定条件。尽管我们可能接受"声明"的一般含义，也就是说，在一般情况下，科学家比非科学家做的评估少，而且可能比非科学家更关注描述，但更需要细微的区分，尽管我怀疑你可以邀请一位艺术家。

首先，整个科学过程本身就是通过选择和偏好来实现的。我们甚至可以称之为赌博，以及良好的品位、判断力和鉴赏力。没有一个科学家仅仅是一台摄像机或录音机。他在活动中没有滥杀滥伤。他什么都不做。他研究他认为"重要"或"有趣"的问题，他提出了"优雅"或"美丽"的解决方案。他做"漂亮"的实验，喜欢"简单"和"干净"的结果，而不是混乱或草率的结果。

所有这些都是有价值的词，评价，选择，偏好，暗示着一个更可取和不可取的，不仅有战略和战术的科学家，而且还有他的动机和目标。波兰尼最令人信服地提出了这样一个论点：一个科学家始终是一个赌徒、鉴赏家、一个有高雅品位或有低俗品位的人、一个有信仰的人、一个有决心的人、一个负责任的人、一个活跃的代理人、一个选择者，因此他是一个拒绝者。

所有这些对"好"科学家的评价都是双重的（与普通科学家相比，从普通科学家到一般科学家）。也就是说，智力是平等的，我们更敬佩和重视的科学家，那些受到他的同事和历史学家尊敬的科学家，更能被描述为是一个有品位和有判断力的人，一个有正确的预感的人，信任他们，勇敢地行动，一个人在某种程度上可以嗅出好的问题，设计漂亮的方法对它们进行测试，并能想出优雅简单的、真正的、决定性的答案。可怜的科学家不知道一个重要的问题和一个不重要的问题之间的区别，一个好的技术和一个坏的技术，一个优雅的演示和一个粗糙的演示。总之，他不知道如何评价，缺乏良好的鉴赏力，也没有正确的预感。或者他有了他们，他们使他害怕，他就离开他们。

但是，除了坚持认为选择必然意味着选择的原则，即价值观。除此之外，还有一点更为明显，那就是整个科学事业都与"真理"有关。这就是科学的意义所在。真理被认为是内在的需要，有价值，美丽。当然，真理总是被当作终极价值。也就是说，科学是为价值服务的，所有科学家也是如此。

如果我愿意，那么我可以把其他的价值观也涵盖在这场讨论之中，因为完全的、终极的"真理"很可能最终被所有其他的终极价值观所定义。也就是说，真理最终是美丽的、美好的、简单的、全面的、完美的、统一的、生动的、独特的、必要的、公正的、有序的、不费力的、自给自足的和有趣的。如果缺少这些，那就不是最充分的真理的程度和质量。

但是，关于科学有无价值的说法还有其他含义。对心理学家来说，这样一个问题已经不成问题了，有可能以富有成效的方式研究人类的价值观。这一点在最明显的方面是正确的，我们对价值观进行了Allport Vernon-Lindzey测试，这使我们能够粗略地说，一个人更喜欢宗教价值观，例如，政治价值观或美学价值观。尽管不太明显，但许多关于猴子食物偏好的研究，可以被认为是对动物有价值的描述。因此，对于自由选择和自主选择的实验，已经在许多领域进行了。任何关于偏好或选择的研究，在特定和有用的意义上，都可以被认为是对价值观的研究，无论是工具性的还是最终的价值。

我们要问的关键问题是：科学能否发现人类赖以生存的价值观？我认为它可以，而且我已经在很多地方用我能收集到的所有数据来支持它。这种支持足以说服我，但还不能说服更多持怀疑态度的人。它最好是作为一个论点来提出，在性质上是纲领性的、似是而非的，才能引起注意，但又不能得到足够的支持而被接受为事实。

我首先要讲的数据是动态心理治疗的积累经验，从弗洛伊德开始，一直到现在，大多数治疗方法都与此有关。我更愿意称它们为"揭露疗法"或道家疗法，以强调它们旨在揭露（而非构建）被坏习惯、误解、神经化等所掩盖的最深层的自我。所有这些疗法都一致认为，这个最真实的自我部分是由需求、愿望、冲动和类似本能的欲望组成的。这些可能被称为需求，因为它们必须满足于精神病理的结果。事实上，正好与发现的历史顺序相反。弗洛伊德、阿德勒、荣格和其他人都同意这一点，在他们努力理解成人神经症的起源时，他们都在生命早期受到生理需求的侵犯或忽视。从本质上看，神经症似乎是营养学家发现的同类型的一种缺乏性疾病。就像后者在重建的一种生物，可以说"我们需要维生素B"，心理治疗师在相同类型的数据的基础上，我们需要被爱或需要安全感。

正是这些"本能的"需求，我们可以把它们看作内在的价值——这些价值不仅体现在生物体想要和寻找它们的意义上，还体现在它们对生物体来说既是好的又是必需的意义上。正是这些价值观在心理治疗或自我发现的过程中被发现，也许我们应该说被重新发现。然后，我们可能会把这些治疗和自我发现的技术视为认知工具或科学方法（从某种意义上说，它们是我们今天能够找到的揭示这些特定类型数据的最佳方法）。

至少在这个意义上，我将保持科学在最广泛的意义，也可以发现人类价值观是什么，人类需要为了一个好的生活、快乐的生活，他需要为了避免生病，对他来说什么是有益的，什么是有害的。例如，在所有的医学和生物科学中，这类明显的发现似乎已经大量存在，但这里我们必须小心区分。一方面，一个健康的人从他自己最深层的内在本性中所选择的、偏爱的和看重的东西，对他来说往往也是最有益的。另一方面，医生可能已经知道阿司匹林对头痛有用处，但我们并不是生来就渴望阿司匹林，就像我们渴望爱或尊重一样。

科学作为一种价值体系

在一次采访中,拉尔夫·埃里森这样评价他的作品:"我觉得,我决定全身心投入这部小说创作中去,是为了承担起那些在美国从事这一行业的人所继续承担的责任。这是我当前最了解的,是美国丰富多样的经历的一个时期,它不仅使我有可能为文学的发展做出贡献,而且能为文化的塑造做出我所希望的贡献。从这个意义上说,美国小说是对边疆的征服,它描述了我们的经历,也创造了它。"

这篇文章很好地表达了深思熟虑的科学家和小说家所面临的形势。当然,一个主要的任务,甚至是科学家的必要条件,是为所有人描述世界的一部分,并为科学文献的发展做出贡献。到目前为止,人们还没有问过"为什么"。科学家这样做是因为他喜欢这样做,因为它是有趣的或令人兴奋的,又或是因为他能获得更愉快的生活方式。事实上,到目前为止,他过得很愉快,因为他在享受自己,因为他养活自己和家人,即使人们不理解他在做什么或他为什么这么做,人们也不会提出反对意见。

但请注意，如果我们就此打住，我们还无法将他与其他任何类型的工人区分开来，他们喜欢做自己正在做的事情，因为他们喜欢这样做。例如，职业桥牌手、邮票收集者、电视播音员或模特也可能在做自己想做的事情，并以此谋生。

科学家通常不仅要向支持和保护他的社会证明自己的使命，而且要向自己、朋友和家人证明自己的使命。他自己通常不满足于仅仅用自我放纵来解释。他觉得，无论多么含糊不清，他都试图表明自己的工作是有价值的，超越了他的个人乐趣。它对自身、对他人、对社会、对人类都有价值。相当一部分科学家会告诉你，他们也在"按照自己的意愿塑造文化"。他们是乌托邦主义者。他们心中有自己认为的本质上的好的目标，他们的工作也朝着这个目标前进（当然，有些人是这样，但不是所有人都是这样）。也就是说，他们是为一项事业服务的。

在另一种意义上来讲，科学和科学家并不是没有价值的。他们确实看到了做科学家和做电视广告的区别。他们确实觉得自己有道德、有价值、有优越感，他们确实认为自己过着比模特更好的生活。科学是有用的，它本身也是有价值的。它本身是善良的，因为它创造了更多的真、善、美、秩序、规划、完善、统一等，帮助建造如此令人敬畏的建筑当然是一种荣誉。它是（或可能是）有益的，因为它延长了生命，减少了疾病和痛苦，使生活更加丰富和充实，减少了体力劳动，而且（原则上）可以使人类变得更好。

所使用的辩护理由取决于被说服的特定受众，辩护理由的"水平"当然必须与听众所达到的发展高度相等。但有些理由通常存在，而且必须存在。科学作为一项人类事业和一项社会制度，它有目标、伦理、道德、目的——总而言之，它是有价值的——正如布罗诺夫斯基所明确和证明的那样。

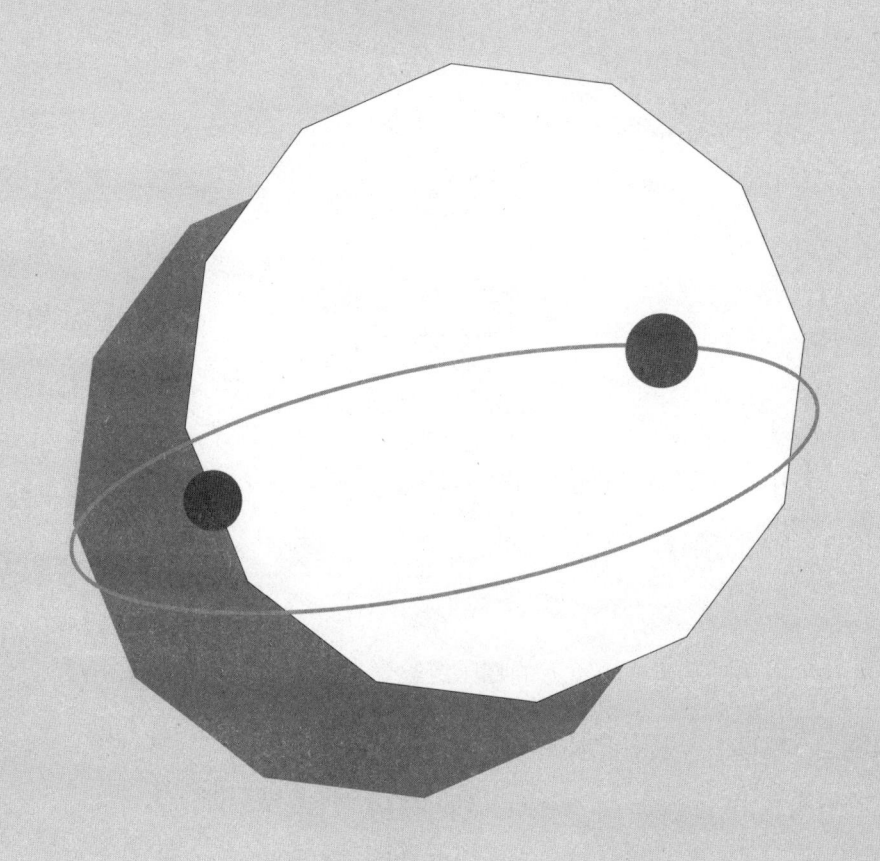

第十三章
Chapter thirteen

知识的阶段、水平与程度[1]

---

[1] 诺思罗普、沃森和库恩具体说明。

在第八章中，我谈到了提高自我认知，让更多的人了解自己。这一点从来没有得到过一般意义上的"证明"。那么，我为什么会有这样的想法呢？

我的这种说法是基于成千上万的临床经验、患者、治疗师，以及治疗师自己的个人报告。对于大多数有常识的人来说，这种经验是一种知识，尽管它的可靠性相对较低。毫无疑问，我们对这一"真理"的信念一定会坚定很多，如果有一个详细的计划和实验设计能在统计水平上说明那些健康的科学家比那些不健康的科学家显然更加优越，或说明那些曾经历了精神分析训练的科学家更优越等。这些数据远比"临床经验"更可靠。但是，如果没有这样的实验，如果我们十分清楚数据所保证的可信度，如果我们彼此明确说明这一点，那么我们不就是现实的和"科学的"吗？

知识是一个程度的问题。任何知识或可靠性的增加都比没有好。有一个总比没有好，两个也比一个好。一般意义上的知识和特别意义上的可靠性都不是一个全有或全无的问题。知识的海洋和知识的陆地之间没有明显的分界线。

有些人会坚持认为"科学"知识是且必须是清晰的、易懂的、明确定义的、无误的、可论证的、可重复的、可交流的、有逻辑的、理性的、可表达的、有意识的。如果不包含这些，那么它就不是"科学的"，它是别的东西。关于这些知识的最初阶段，最终形式的前身，我们每个人都可以很容易地在自己身上有所体验，那我们又该说些什么呢？

首先是不安、焦虑、不快乐，觉得有些事不对劲。这种不安可能在它找到解释之前就出现了。也就是说，我们可以感觉到一些东西，如果用语言来表达，那就是"我感到不安，但我不知道为什么"。这里有点不对劲，但我不知道是哪里不对劲。更让人困惑的是，这种感觉可能是完全无意识的，也可能是有一半意识的，它可能只是在一段时间后才会被意识到。

在这一点上，我们所要处理的是预感、猜测、直觉、梦想、幻想、模糊的"先入之见"还没有说出来。偶然的联想能把我们引向一个或另一个方向。我们可能会突然从睡梦中醒来，得出一个答案，然后进行测试，结果可能是对的，也可能是错的。我们自己与他人的交流常常是模糊的、不一致的、自相矛盾的、不合逻辑的，甚至是非理性的。它可以用比喻、暗喻、明喻等方式来表达。我们可以通过感知差距开始研究，然后像诗人一样谈论它，而不是像科学家谈论的那样。我们可能会表现得更像医生、赌徒或教师，而不是传统的科学家。

例如，想想精神分析的语言，它的物理类比和相似之处、具体化、拟人化和半神话的实体。从已完成的正确的科学观点来批评这一切是容易的，但这是我在这里想要表达的主要观点——这些词是依靠笨拙的努力来传达直觉和临床的感受，这些感受还不能用其他任何方式表达。它们是目前知识发展阶段所能做的最好的事情。最好的逻辑学家、数学家、物理学家、化学家和生物学家如果面临描述的任务，他们也不会做得更好。例如，移情、压抑或焦虑的现象。这些现象是存在的，并且已经以这样或那样的形式被成千上万的病人体验和报告过，已经被成千上万的精神治疗师以这样或那样的形式目睹过。然而，要很好地描述它们是不可能的，甚至要就在描述中使用哪些词达成一致也是不可能的。

对于实验室的科学家来说，批评这一切很容易，但最终这些批评归结为一种指责，即知识的最终状态尚未实现。这就是为什么早期的知识往往是草率的和模糊的。"这是一个阶段知识必须通过！"没有已知的替代方案。没有别的办法了[①]。

如果这个事实被完全理解了，我们很容易带着一些愤怒回击批评者，甚至准备对批评家做出精神分析性的解释，而不是用逻辑论证来回答他。因为在这一点上，我们意识到，批评家常常需要整洁、准确或精确，不能

[①] 除非生物比现在更容易接受不可预料的现象，即基于已知的不可预测的现象，否则它将丁涸。科学不仅仅是通过归纳和分析知识来进步的。首先是对头脑的想象力的推测，然后才是验证和分析的崩溃。想象依赖于一种情感和智力自由的状态，这种状态使大脑能够接受它在混乱、压倒一切但却丰富了整个世界中所得到的印象。我们必须尝试再次体验到年轻时代的科学在社会上可以接受的奇迹。波德莱尔所说的艺术同样适用于科学："天才是青春的再现。"更平淡无奇的是，我相信在大多数情况下，创造性的科学行为先于导致建立真理的行动，它们共同创造科学。

许多科学领域的伟大实验者都描述了他们的想法，在很大程度上是由非分析的、有远见的感知决定的。同样，历史表明，大多数具体的科学理论已经出现，并已逐渐形成粗糙的直观草图。因此，在识别模式或发展新概念方面的第一步更类似于艺术意识，而不是通常认为的"科学方法"。（R. Dubos,《理性的梦想》哥伦比亚大学出版社，1961年，第122~123页。）

容忍它的缺失，他们只选择那些已经满足这一标准的问题来处理，实际上，他们的批评可能等于拒绝问题本身。他们可能不是在批评你的方法，而是在批评你自己问的那个特殊的问题。

需要整洁和准确的科学家通常有足够的理智来远离人性的人文主义和个人问题。这样的选择可能表明人们更喜欢整洁，而不是对人性的新认识，这可能是避免棘手问题的一种方式。

知识的可靠性程度

有些人倾向于把知识分为真或假、重要或不重要、可靠或不可靠，只需要稍微想一下就可以看出这是不明智的。知识的可靠性是一个程度问题。真理和谬误也是如此。当然，意义和针对性也是如此。

如果我们知道一个事实，即抛一次硬币得到正面，那么在第二次投掷中得到正面的概率大于二分之一，任何明智的人都会相应地下注。因为这枚硬币不对称的可能性是由知识引起的。很久以前，奈特·邓拉普就证明，那些被要求猜测两个体重稍微不同的人哪个更重时，他的猜测比随机猜测的概率更高，尽管他们对自己的判断完全没有信心。他们觉得自己只是纯粹的猜测，其他研究已经将这种发现扩展到群体猜测。十个人盲目猜测的平均值（没有主观的信心）比五个人盲目猜测的平均值更接近真实的平均值。

医学史一再证明——尤其是药理学史，认真对待原始部落的信仰是有好处的。例如，相信某些草药或树皮治疗功效的人，即使他们的解释很奇怪或可能被证实是错误的，只有模糊理解的学习经验才有可能让我们看到真理的微光。因此，在这个领域和其他领域，我们给予一些信任，即使是一点点专家的意见、经验丰富的临床医生的直觉、有根据的猜测。当我们没有可靠的事实依据时，我们就会寻求最好的指导。

当我们与外科医生、精神病医生、律师等打交道时，我们所有人都习惯了这一点，尤其是当我们在缺乏令人满意的情况下被迫做出决定时。但是，波兰尼、诺思罗普、库恩等人已经证明，科学家自己的战略和战术也有类似的情况。有创造力的人经常报告他们早期的创作过程依赖于预感、梦想、直觉、盲目猜测和赌博。事实上，我们几乎可以这样定义创造性科学家——正如创造性数学家已经定义的那样——即作为一个不知道为什么或如何达到真理的人。他只是"感觉"某件事是正确的，然后通过仔细的研究来检查他的感觉，选择假设去验证，选择这个问题而不是那个问题去投资，只有经过事实证明才知道是正确的还是错误的。我们可以根据他收集的事实对他做出正确的判断，但是他并没有把这些事实作为他的信心的基础。事实上，这些事实是他"毫无根据"的自信的结果，而不是其原因。波兰尼正确地把赌博中的信仰、鉴赏力、勇气、自信和大胆说成是具有开拓性的理论家或研究人员的本质，是定义特性，而不是偶然的、碰巧的或可消耗的。

这也可以用概率来表示。勇敢而富有成果的科学家必须能够适应低概率。他必须认真对待它们，把它们作为他应该做什么和应该去努力的方向的线索。他必须对它们敏感，并由它们引导。至少他必须把它们视为科学上的"真实"，因此他值得作为一个科学家去关注。

把所有的"原始知识"都归为知识的范畴是既正确又有用的，只要它正确的概率大于偶然。这种用法将意味着知识的层次、水平或程度，从可靠程度到专家的猜测、直觉和预感、基于不充分的案例或粗糙方法的初步结论等。然后，知识被视为更可靠或更不可靠，但只要它的概率大于机会，它仍然是知识。"经验主义"这个词就像医生所说的那样被使用，即用来描述一个早期的、有感知能力的群体，这个群体由成千上万的经验组成，这些经验包括在他自己身上和在他的病人身上"试验"各种疗法、暂时接受常识疗法、判断面部是否可信等。这就增加了"有经验的"医生所积累的隐性知识。几乎他所知道的一切都被充分证明了。

作为探险家的科学家

在某种程度上,创始者更容易被复杂的事物所吸引,而不是被简单或容易的事物所吸引;更容易被神秘和未知的事物所吸引,而不是被已知的事物所吸引。挑战他的是他不知道的东西。一个他知道答案的谜题有什么乐趣呢?已知的难题不是难题。正是这种不了解让他着迷,让他行动起来。对他来说,这个谜"需要"解决。它具有"需求特性",它在召唤、吸引和诱惑。

科学创始人的感觉就像第一个探索未知荒野、未知河流或攀登山峰的人。他真的不知道他要去哪里。他没有地图,没有前辈,没有向导,没有经验丰富的助手,几乎没有提示或方向点。他走的每一步都是假设,也有可能是错误的。

然而,"错误"这个词几乎不适用于侦察员。探索的盲道不再是未探索的盲道。没有人需要探索它,还学到了一些东西。如果在河流中的左岔口和右岔口之间做出选择,并且尝试过左岔口,发现它是一个死胡同,他不会认为他的选择是一个"错误"或谬误。当然,他不会感到内疚或遗憾，他会带着惊讶的目光看着那些责备他没有证据就做出选择或没有确定就前进的人。然后他可能会指出，根据这些原则和规则，任何荒野都不可能被探索，这些原则在重新探索中是有用的，而非第一次探索。

总而言之，探索者或侦察员的规则、原则或法律与后来的定居者所适用的不同，只是因为任务不同。在功能上适合一个人的东西并不适合另一个人。知识的开始阶段不应该用"最终"知识的标准来判断。

经验主义的态度

用科学的最高境界和终极技能来定义科学,这是有问题的,它使大多数人无法接触到科学和科学精神,强调它的技术,炫耀它最深奥的抽象,使它看起来比实际困难得多。它被看作一个专家要解决的问题,是由某个训练有素的专业人士做的事情,而不是其他人。实际上,这种科学,在把世界上的人分成科学家和非科学家之后,对非科学家说:"这不关你的事!别动!交给我们的专家吧。相信我们!"

毫无疑问,非人格化的科学,也就是我们最古老的科学,已经达到了高度抽象的程度,它们的技术实际上是训练有素的专家的事。(我不会说"最先进的"科学,因为这意味着所有的科学都可以在一个单一的范围内进行排名,这是不正确的。)同样真实的是,心理学和社会学,甚至生命科学都远没有那么复杂、抽象或技术化。对于业余爱好者来说,还有很多空间——许多简单的问题有待提出,许多角落需要第一次探索。刚开始,科学很容易。

但我的主要观点更为激进。如果我们用科学的起源和最简单的层次来定义科学，而不是用最高和最复杂的层次来定义科学，那么科学就是为自己着想，而不是相信先验或任何形式的权威。正是这种经验主义的态度，我认为可以并且应该教给所有人，包括幼儿。看你自己！让我们看看它是如何工作的！这种说法正确吗？如果是正确的，那么有多正确？我认为，这些是科学的基本问题和方法。因此，通过走进内部，用自己的眼睛来检验自己，比在亚里士多德的观点或在一本科学教科书中寻找答案更具有实证性，因此也更"科学"。由此也可以得出这样的结论：一个孩子可以"科学"地观察蚁丘，一个家庭主妇可以在地下室试用各种肥皂来比较它们的优点。

经验主义的态度是一个程度问题，不是在获得博士学位的一瞬间获得了技能，而是在获得博士学位后才能进行实践。因此，这种态度可以一点一点地培养和改进。当以这种方式表达时，要与现实保持联系，睁大你的眼睛——它几乎成为人类自身的定义特征。帮助人们变得更有经验的一种方法是提高他们的认识和知识。用精神分析学的术语来说，这有助于他们进行"现实测试"。也就是说，它帮助人们区分事实与愿望、希望或恐惧，它还应该有助于提高我所说的"心理测试"。"心理测试"即对一个人世界观的更真实的认识。有必要知道一个人什么时候有所希望、期待或害怕，以及这些愿望是依托于谁的。

总而言之，科学家并不是一个不同的物种。他们与其他人一样，有共同的特征，包括好奇、渴望甚至需要理解，喜欢观察而不是盲目决定，喜欢可靠的知识，讨厌不可靠的知识。科学家的专业能力是一般人文素质的强化。每一个正常的人，甚至每一个儿童，都是一个简单的、未发展的、业余的科学家，他们在原则上可以被教导为更成熟、更有技巧、更高级的科学家。人本主义的科学观和对科学家的观念肯定会建议把这种经验主义态度驯化和民主化。这样的建议甚至来自一种更强烈的超人观或先验的科学观点。

这种快乐的体验是必要的，不仅因为它们将人们带入科学领域并将他们留在那里，还因为这些审美上的快乐也可能是认知的标志，比如信号火箭，它发射出去是告诉我们它已经发现了一些重要的东西。在巅峰体验中，认知最有可能发生。在这样的时刻，我们也许最能洞察事物的本质。

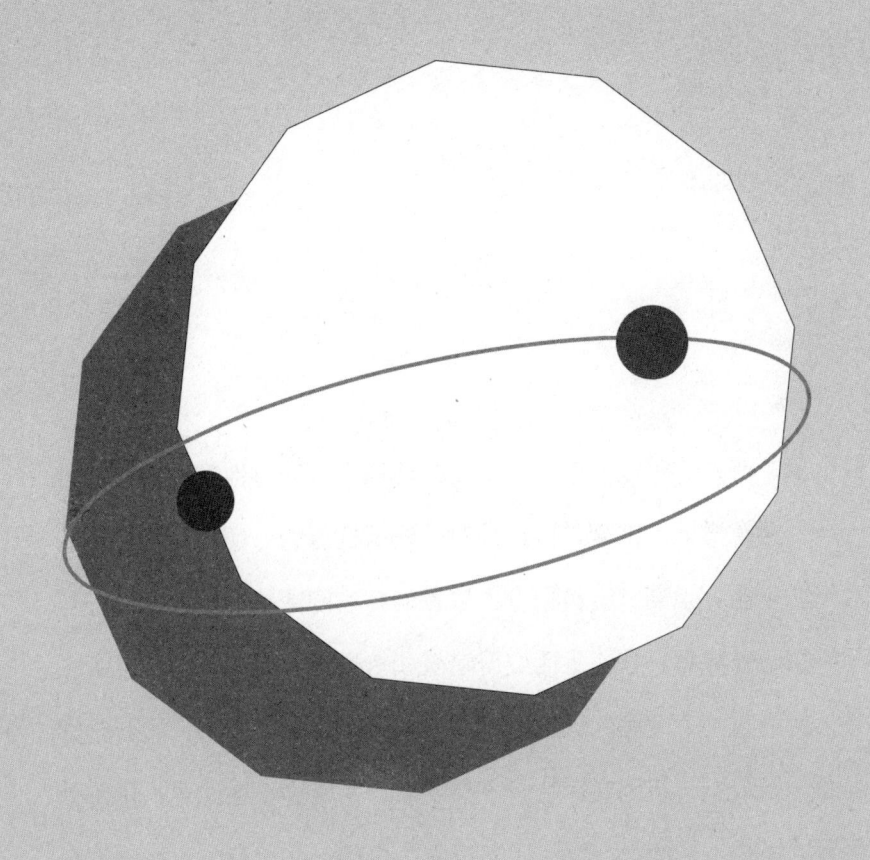

第十四章
Chapter fourteen

科学的去神圣化和再神圣化[①]

[①] "去神圣化"这个词的意思是去除或破坏感情或仪式。在这里,我遵循伊莱德的用法,尽管从词源学的角度理解有一些困难。

非科学家、诗人、宗教人士、艺术家和普通人可能对他们所认为的科学感到恐惧，甚至憎恨。常常觉得这是对他们所拥有的一切神奇和神圣的威胁，对一切美丽、崇高、宝贵和令人敬畏的事物的威胁。他们有时把科学看作污染物、破坏者，它使生活变得暗淡和机械化，剥夺了它的色彩和快乐，并强加给它一个虚假的确定性。看看普通高中生的想法，这就是你看到的画面。姑娘们一想到要嫁给一个科学家，常常会不寒而栗，仿佛他是一个可敬的怪物。即使我们解决了外行人心中的一些误解，比如他混淆了科学家和技术专家，他无法区分"顶尖科学家"和"普通科学家"，也无法区分物理科学和社会科学，一些合理的抱怨仍然存在。据我所知，科学家们自己并没有讨论过"需要去民主化作为一种防御"。

简而言之，在我看来，一切科学都经常被用作一种工具，服务于一种扭曲的、狭隘的、缺乏幽默感的、去情色化的、去情感化的、去神圣化的和去民主化的世界观。这种去神圣化可以用来抵御情绪的泛滥，尤其是谦卑、敬畏、感到神秘、惊奇的情绪。

我想我最好通过三十年前在医学院的经历来说明我的意思。我当时并没有意识到这一点，但现在回想起来，我们的教授似乎很清楚，他们几乎是故意让我们变得坚强，教我们以一种"冷静的、不带感情的方式"去面对死亡、痛苦和疾病。我所见过的第一次手术可谓一个典型的例子，它表明了去民主化的努力，即在神圣和谦卑面前消除敬畏、隐私、恐惧和羞怯。一位妇女的乳房被一把电动手术刀切去，而手术是通过烧灼来完成的。

空气中弥漫着烤牛排的香味，外科医生漫不经心地对自己的切割方法做了一番"冷淡"和随意的评论，没有注意到新生们急急忙忙地冲出困境，最后"扑通"一声将这个物体抛到柜台上。乳房已经从一个神圣的物体变成了一块废弃的脂肪。当然，没有眼泪、祈祷、程序或任何形式的仪式，而这些大多数在先前的社会中是肯定会有的。这一切都是以纯技术的方式处理的——没有感情，冷静，甚至略带一点傲慢。

当我被领到手术室并听他们向我介绍（或不向我介绍）要我解剖的尸体时，气氛大致相同。我得自己去弄清楚他叫什么名字，他是个伐木工人，在一次战斗中被打死了。我必须学着像对待其他人一样对待他，不能把他当成一个死人，而是把他当成一具"尸体"。还有几只漂亮的狗，我在生理学课上做了演示和实验后，不得不杀掉它们。

年轻的新医生们试图通过压抑自己的恐惧、同情、柔情，对残酷的生与死的敬畏和他们的眼泪，以此来控制和抑制他们内心深处的情感。因为他们都是年轻人，所以他们以青少年的方式行事。例如，坐在尸体边吃三明治的时候被拍照，在餐馆餐桌上随意地从公文包里抽出一只"人手"，说着关于身体隐私的标准医疗笑话，等等。

这种反恐惧症的强硬、随意、冷漠和亵渎（掩盖其对立面）显然被认为是必要的，因为温柔的情感可能会干扰医生的客观性和无畏精神。（我自己也常常想，这种去神圣化和去民主化是否真的有必要。至少有可能的是，一种更神圣的态度可能会改善医学培训，或者至少不会把"更温和"的候选人赶出去①。我们现在还必须对一个隐含的假设提出异议，即情感必须是真理和客观的敌人。有时是，有时不是。）

在许多情况下，去民主化可以更清楚地被看作一种防御。我们都认识一些人，他们无法忍受亲密、诚实、无助，他们因亲密的友谊而感到不安，他们无法爱或被爱。逃避这种令人不安的亲密关系是一种常见的解决办法，可以是"疏远"，即保持手臂长度的距离，或者最后它可以被掏空，剥夺其令人不安的品质。例如，天真可以被重新定义为愚蠢，诚实可以被称为轻信，坦率变为缺乏常识，慷慨则被称为软弱。前者会使人不安，后者则不会。（请记住，真的没有办法"处理"伟大的美或盲目的真理、完美，也没有办法"处理"任何终极存在的价值观，我们所能做的只能是沉思、高兴、被"逗乐"、崇拜等。）

在对我所说的"反价值观"（对真、善、美、秩序、活力、独特性和其他存在价值的恐惧或憎恨）的持续调查中，我发现，一般来说，这些最高的价值观往往会使人更加清晰地意识到自己的一切与这些价值观正好相反。许多年轻人觉得和一个不太漂亮的女孩在一起更舒服。漂亮的女孩容易让他觉得自己邋遢、笨拙、愚蠢、没有价值，仿佛他是在某种王权或神

---

① 这种"艰苦"的训练对外科医生来说可能是必要的。这是有争议的。但对心理医生来说呢？对于一个通过关心和爱来"了解人际关系"的人来说呢？很明显这是一种反心理训练。

的面前。去民主化可以作为一种防御，来抵御这种自尊心的打击，这种打击已经使自尊心摇摇欲坠到需要防御的地步。

同样显而易见的，也同样为临床医生所熟知的是，一位男性无法与一位善良美丽的女性发生性关系，除非他们首先贬低她，或者至少让她不再是女神。如果一个男人认为自己在性行为中扮演的角色有侵犯或支配他人的肮脏行为，那么他就很难对女神、圣母或女祭司这样做，很难对一位神圣的、可敬的教母做出这样的行为。所以他必须把她从高高在上的位置上拉下来，进入肮脏的人类世界，让自己成为主人，也许是一种毫无意义的施虐方式，提醒自己她会大便、流汗、小便，或者她可以被收买，等等。那么他就不需要再尊敬她了，他不再感到敬畏、崇拜、亵渎或自卑，不再像一个受惊的小男孩那样觉得自己笨拙，与她不般配。

很少有动态心理学家研究这种现象，但实际上这可能与男性被其女性象征性阉割一样常见。当然，这至少在我们的社会中是广为人知的，但它通常被给出一个直接的社会学或弗洛伊德的解释。我认为，"阉割"有可能也是为了去神圣化和净化，也有可能是因为对苏格拉底的尊敬和敬畏而淹没自我。

同样，经常被认为是"解释"的，与其说是一种理解、交流或丰富理解的努力，不如说是一种放弃敬畏、惊奇和奇迹的努力。彩虹使孩子们兴奋不已，但他们可能会被人们略带轻蔑的语气告知："哦，那不过是白光被像棱镜一样的小水滴散射出颜色罢了。"这可能是一种对经验的贬低，一种对孩子及其天真的嘲笑。它可以产生中止体验的效果，这样它就不太可能再次出现或公开表达或被认真对待。它可以有消除生活中的敬畏和惊奇的效果。我发现这是真正的巅峰经验。它们很容易被"解释"，但不是真正被解释。我的一个朋友，在手术后的放松和沉思中得到了古典风格的启迪，深刻而震撼。他的启示给我留下了深刻的印象，当我从这种印象中走出来的时候，我想到了这段经历带来的奇妙的研究可能性。我问外科医生其他病人是否在手术后也有这样的幻觉。他漫不经心地说："噢，是的！杜冷丁，你知道的。"

当然，这种"解释"并不能解释体验本身的内容，就像触发器不能解释爆炸的影响一样。而这些毫无意义的解释本身必须被理解和解释。

同样地，还有简化的努力和"什么都没有"的态度，例如，"一个人除了价值24美元的化学药品什么都不是""接吻是两个消化道的上端并列""人如其食""爱是高估你的女孩和所有其他女孩之间的差异"。我特意选择了这些青少年男孩的例子，因为我认为，正是在这种情况下，去神圣化作为一种防御手段达到了高潮。这些试图变得坚强、"冷静"或"成熟"的男孩们通常不得不与他们的敬畏、谦卑、爱、温柔和同情以及他们对奇迹和奇迹的感觉做斗争。他们通过把"高的"拉到"低的"感觉他们自己。这些"理想主义"的年轻人，像"正常"的成年人一样，为了表示尊敬，试图去亵渎一切，他们一直在努力克制自己的冲动。

解剖等一般原子论技术也可用于同样的目的。一个人可以避免感到震惊、不值得、无知。我们可以说，一朵美丽的花或一只昆虫，抑或一首诗，只要把它拆开，也可以用来分类。这些方法也能让你每天做的事情变得平凡、世俗、可管理。任何形式的抽象，如果避免了一个全面的整体性，都可能达到同样的目的。

因此，我们必须要问这样一个问题：科学或知识的本质是否必须去神圣化？还是在现实世界中有可能包含神秘的、令人敬畏的、幽默的、激动人心的、美丽的、神圣的东西？如果承认它们的存在，我们又该如何了解它们呢？

外行人认为科学家必然是在去神圣化的生活，他们常常是错的。他们误解了最优秀的科学家对待工作的态度。这种态度的"统一"方面（同时感知神圣和世俗）很容易被忽视，特别是因为大多数科学家都羞于表达。

事实是，真正优秀的科学家常常带着爱、奉献和自我克制的态度对待他的工作，他就好像进入了一个神圣的殿堂。他的自我遗忘可以被称为对自我的超越。他绝对的道德和完全的真理当然可以被称为一种"宗教"态度，他偶尔的激动或巅峰体验，偶尔的战栗的敬畏、谦虚和渺小，他处理的巨大的奥秘——所有这些都可以被称为是神圣的。这种情况不常发生，但它确实发生了，有时是在外行人很难察觉的情况下发生。

从一些科学家那里得出这样的秘密态度是很容易的，只要你假设它们存在并认真对待它们。如果科学能够抛弃这种不必要的"对温柔的禁忌"，它就会少一些误解，在它自己的领域就会少一些去神圣化，仅仅是制造亵渎的需要。

我们也可以从自我实现、高度健康的人身上学到很多东西。他们有更高的追求，他们可以看得更远。他们能以更包容和整合的方式看待问题。他们告诉我们，谨慎和勇敢、行动和沉思、活力和思索、坚强和温柔、严肃和幽默之间并没有真正的对立。这些都是人类的品质，在科学上都是有用的。在这些人中，没有必要否认超越经验的真实性，或者把这种经验视为"不科学的"或反智的。也就是说，这些人觉得没有必要否认他们内心深处的感受。事实上，我的印象是，不管怎样，他们更倾向于享受这种体验。

幽默的科学家

对正统科学和科学家的另一种批评是，他们过于相信自己的抽象概念，对它们过于肯定。在这种情况下，他们也很可能会失去幽默感，失去怀疑精神，失去谦逊，失去对阻止傲慢的更深层次无知的认识。这种批评尤其适用于心理学和社会科学。诚然，物理学家可以为他们非凡的成就、对物体和无自然生命的掌握而沾沾自喜。但是心理学家有什么值得骄傲的呢？他们到底知道多少对人类有帮助的事情？正统科学在所有人类和社会领域都是失败的[①]。（我不提所谓的"成功"的问题，所谓"成功"是指制造原子弹，然后把原子弹交给心理上和社会上原始的个人来管理。科学的右臂长到巨大的比例，而左臂却远远落在后面，这不是很危险吗？）

如果我是对的，如果科学家们拒绝享受"方法主义"的乐趣，也就是说，如果他们拒绝变得傲慢、狂妄和自鸣得意。那么，他们是明智的，甚至也是"科学的"，有一些品性能拯救他们的美德，如谦逊、自嘲的能

---

① 我们确实对人和社会提供了很多有用的知识，但我认为，其中大部分知识来自人文科学，而不是机械科学。

力、模棱两可的生活，不断认识多个理论对于任何可能的事实，对语言、抽象和科学本身的内在限度有明确的认识，承认经验、事实、描述优先于一切理论，害怕在理论上方的稀薄空气中生活太久而无法返回地面，等等。最后，我想补充一点，关于一个人自身科学工作的无意识和前意识决定因素的经验知识是所有知识中最谦逊的。

我们可以将其与大多数专制人物无法等待和暂时搁置判断的倾向进行对比。普遍的临床印象是——实验数据仍不明确，他们就等不下去了。这让他们感到紧张和焦虑，他们倾向于过早地得出结论。对他们来说，任何结论都不是停留在情感模糊的状态。不仅如此，一旦他们下定决心要得出一个结论，他们往往会坚持很久，甚至在面对矛盾的信息时也是如此。

更睿智的奥运精神、更多的消遣和讽刺使沉思者意识到科学理论的研究远比他们预期的要困难得多，因此他们可能认为这是完全"忠于"牛顿定律，就像完全"忠于"霍亨索伦家族一样愚蠢。

这种更为试探性的态度可以建立在坚实的经验基础上。如果人们仍然接近具体现实的世界，就不可能否认它们的多样性、它们的矛盾性和它们的模糊性。一个人会意识到我们对这个事实世界的知识的相对性，与世纪、文化、阶级和种族的相对性，以及观察者的个性。人们很容易确定，但又容易犯错。

特别是当你意识到敌对力量的存在时，行进到这些敌对力量的缝隙中，这本身就是一种勇气，甚至是高贵的象征。它应该使科学家感到幸运，对他们的生活感到满意，他们发誓献身于那些肯定值得人类做出最大努力的永恒的问题。

有一种可能是经验主义的，即努力提高知识水平，极大地重视这些知识，同时对人类知识的缺乏和不可靠也要现实地对待，那就是对它保持超然的态度，像上帝一样，感到有趣和亲切，具有讽刺意味、宽容和好奇。笑（以正确的方式）是处理一个无法解决问题的好方法，同时也是保持力量继续工作的好方法。幽默感可以很好地解决存在的问题，既保持谦虚，同时又保持骄傲、自大和坚强（足以完成伟大的任务）。通过这种方式，我们可以同时意识到我们对火箭和抗生素的了解，以及我们对战争与和平、偏见或贪婪的不了解。

这些都是对存在的困惑的沉思的各种形式，是一种温和的享受，它允许我们坚持不懈地努力去解开困惑，而不丧失信心。一个人可以爱科学，即使它不完美，就像一个人可以爱他的妻子，即使她不完美一样。幸运的是，就在那一刻，作为一种意想不到的、不应得的奖励，它们有时会变得完美，这让我们惊叹不已。

这种态度有助于克服其他的问题。其中一个重要的问题是对一门科学的完全知识的隐蔽识别。例如，我的经验是听到心理学家被物理学家嘲笑，因为他们知道的东西不多，而且他们知道的东西不是高度抽象和数学化的。"你认为这是科学吗？"他们问，这暗示着科学是知识而不是质疑。因此，后方的士兵嘲笑前方的轻型战斗机是肮脏的，而财富的继承者嘲笑正在挣钱的汗流浃背的人。

心理学家知道在科学上有两个层次的尊重（而不是一个）：一个是组织良好的知识体系；另一个是你选择问题的重要性的层次结构。正是那些选择处理关键的、尚未解决的人类问题的人，肩负起改变人类命运的重任。

天真的奇迹，科学和复杂的奇迹

　　大多数科学的定义，尤其是那些由非科学家所写的定义，根本都是不准确的。科学经常被描述成一种功能自主的事业，对外人来说没有意义。例如，如果你称之为"不断增长的信息库"或"操作定义的概念系统"，外行人可能会奇怪，为什么人们要把他们的生活奉献给这种乏味的目标。这样描述的最终产品的科学工作或科学作为一种社会制度，对于这个问题，任何关于科学而不是关于科学家的言论，都倾向于忽略所有的有趣、激情、兴奋、胜利、失望、情感和联想，更不用说科学家生活中的"审美""宗教"或"哲学"的动荡了。一个合理的类比是阅读国际象棋的规则，它的历史，研究个人游戏，等等。所有这些可能根本无法回答"为什么人们下国际象棋"？如果你对他们的情绪、动机和满足感一无所知，他们将永远难以捉摸，就像赌徒对非赌徒一样。

　　我相信，通过对科学家的目标和满足的理解，非科学家也可能对科学家的生活有一些感觉，因为这些心理上的满足感在某种程度上是每个人共有的。

在巅峰体验的调查中，我了解到这些体验是非常相似的，远非激发这些体验的外部诱因之间的相似性。例如，当我发现他们描述最幸福的时刻时，女人的描述大体上和男人一样，即使女人受到激发的情绪可能对男人来说毫无触动。就个别科学家的内心生活而言，这些巅峰体验很像诗歌在诗人身上所引发的体验。就我而言，我认为我从自己和他人的研究中获得的"诗意"体验比从诗歌中获得的更多。我从阅读科学期刊中获得的"宗教"经验比我从阅读"圣书"中获得的更多。创造美的刺激来自我的实验、探索和理论工作，而不是绘画、作曲或舞蹈。科学可以是一种与你所爱之物、与你所着迷之物、与你愿意与之共度一生的神秘之物相结合的方式。

继续这个类比，你可能会花一辈子的时间去了解越来越多的课题，但在五十年的学习之后，你会感到更难以理解它的奥秘，并以寻求解答这个问题为乐。当然，现在这是一个不同于无知的空白神秘化，你知道得越来越多，感受到的神秘就越来越多。至少这是发生在我们的模范、我们的圣贤和我们最好的科学家身上的事情，这些科学家可以被诗人理解，反过来他们也可以把诗人看作合作者。正如德雷尔所说，科学可以是"知识分子的诗歌"。这种对优秀科学家内心秘密的探索可以成为一种普世运动的基础，这种运动将把科学家、艺术家、"宗教"人士、人文主义者和所有其他严肃人士聚集在一起。

许多人仍然认为科学研究或详细认识是神秘感的对立面和矛盾性[①]。但

---

① 当我听到这位学识渊博的天文学家；当校样、数字在我面前排成一列；当我看到显示和图表时；当我坐着听天文学家演讲时，演讲室里掌声雷动，不知为何，我很快就变得又累又恶心，直到起身滑翔，我在神秘的夜空中独自徘徊，静静地仰望星空，才有所好转。

事实未必如此。研究这个秘密并不一定是亵渎它。事实上，这是通向更大的尊重、更丰富的理解，以及更高层次的神圣化的最好方式。记住，最聪明的人总是最简单、最不傲慢、最"有趣"的人。

了解更多关于树木的知识，以及它们是如何工作的，可以使它们更美丽。我所欣赏的那棵树现在更是一个奇迹，因为我对植物学略知一二。如果我更多地了解它运作的细节，这些知识会使这棵树更加神奇和美丽。因为，我一生中最深刻的审美体验之一，是很久以前在一节组织学课上获得的。我一直在研究肾脏的生理学、化学和物理学。我了解得越多，就越惊叹于它的美丽和令人难以置信的复杂，以及它的功能完美的形式。它的形式比任何东西都更符合它的雕塑性（《形式和功能：关于艺术的评论》，加利福尼亚出版社，1947年）所梦想的。正如胚胎学家所了解的那样，肾脏的进化对我来说是另一个如此不可思议的奇迹。这是不可能事先预料到的。正是在这一点上，经过研究、学习和了解，我在显微镜下看了一张完美的染色玻片，对美的体验如此之深，以至于35年后我还记得它。

这是非科学家所不知道的，也是科学家们羞于公开谈论的，至少在他们长大后变得无耻之前。科学在其最高层次上是对奇迹、敬畏、神秘的组织、系统追求和享受。科学家所能得到的最大回报就是这样的巅峰体验和人际关系认知。但这些经历同样可以称为宗教经历、诗歌经历或哲学经历。科学可以是不信教者的宗教、不信教者的诗歌、不会画画的人的艺术、严肃的人的幽默、压抑和害羞的人的性爱。科学不仅开始于奇迹，而且结束于奇迹。